四川省邛海生物多样性研究

彭　徐　董艳珍　王堂尧　徐大勇
梁　剑　杨位飞　亓东明　　　　等　著

科　学　出　版　社

北　京

内 容 简 介

本书详细介绍了邛海自然环境和社会经济发展现状、邛海生物多样性调查及其组成状况、邛海生物多样性评价、邛海湿地流域生态旅游服务调查、邛海湿地流域重大工程项目、邛海生物多样性保护现状，为邛海湿地流域的可持续利用与发展奠定了坚实的科学基础。本书是目前对邛海生物多样性保护研究较完整、全面的科研著作，是高原湖泊湿地保护珍贵翔实的资料，对各级政府与部门关于邛海的管理都具有指导意义和参考价值。

本书可供科技工作者、高校师生、行业管理者参考、阅读。

图书在版编目(CIP)数据

四川省邛海生物多样性研究 / 彭徐等著. —北京：科学出版社，2021.10
ISBN 978-7-03-068636-7

Ⅰ.①四… Ⅱ.①彭… Ⅲ.①湖泊-生物多样性-研究-西昌 Ⅳ.①Q16

中国版本图书馆 CIP 数据核字（2021）第 072776 号

责任编辑：武雯雯 / 责任校对：彭 映
责任印制：罗 科 / 封面设计：义和文创

科 学 出 版 社 出版
北京东黄城根北街16号
邮政编码：100717
http://www.sciencep.com

成都锦瑞印刷有限责任公司 印刷
科学出版社发行 各地新华书店经销

*

2021 年 10 月第 一 版 开本：787×1092 1/16
2021 年 10 月第一次印刷 印张：10 1/4
字数：240 000
定价：120.00 元
（如有印装质量问题，我社负责调换）

序

邛海是西昌市人民的"母亲湖",它不仅担负着西昌城区及邛海湖盆区居民的水源供给责任,而且兼具生态旅游、净化环境、调节气候、保持水土、水量调节等多种功能。邛海是高原淡水湖泊,也是国家级风景名胜区、国家湿地公园和饮用水水源地,在西昌以及流域的社会经济发展中具有十分重要的作用,邛海及其流域也备受关注。

我于20世纪60年代来到西昌邛海,参加国家对长江上游渔业资源的调查。邛海环境优美、水质优良、鱼产品丰富,美丽的邛海深深地吸引了我。但是,1995年以后,随着城市和旅游业快速发展,邛海生态面临诸多问题:第一,邛海水土流失严重,泥沙淤积,湿地萎缩。据全省湿地普查,邛海从第一次普查的2685hm²减少到第二次普查的2644.45hm²,邛海湖泊湿地呈萎缩退化状态。第二,入湖河流水质较差,面源污染突出,污染负荷大,邛海局部区域水质恶化。第三,湿地生物多样性锐减,多种外来物种入侵。

面对邛海生态环境恶化的严峻形势和保护邛海的紧迫性,凉山州、西昌市党委政府果断作出立法保护邛海的决定,1997年初《凉山彝族自治州邛海保护条例》开始实施,成为当时全国少数民族地区第一部保护生态环境的地方性法规。从2002年起西昌市陆续编制了《邛海流域环境规划》《官坝河流域综合治理规划》等,以引领邛海的生态环境保护。2015年,《凉山彝族自治州邛海保护条例》重新修订执行。以政府为主导,实施保护邛海的重大战略决策,开展了污染综合治理、湿地建设与恢复、植被生态恢复、入湖河流治理、湖面环境整治、饮用水源地保护、生态乡镇创建、产业结构调整等一系列生态环境保护综合措施,邛海保护机制建立健全,邛海生态环境保护有序开展。这一切工作都得益于西昌学院以彭徐教授为首的专家团队,通过他们组建的四川省高校重点实验室——四川高原湿地生态保护与应用工程重点实验室,进行多年的调查研究,艰苦努力,首次完整地形成了一套邛海生物多样性本底基础资料和成果。主要的成果包括邛海水生生物组成及其评价,即对邛海藻类植物、水生维管植物、邛海动物种群、邛海湿地生态系统、邛海生物多样性的评价等。该研究成果对高原湖泊生物多样性保护、水环境生态保护、湿地恢复重建、生态旅游发展等领域有重要指导作用。经过多年的努力,以彭徐教授团队的研究成果为基础,邛海保护取得了可喜的成绩,凉山州、西昌市党委、政府大力实施邛海湿地品牌创建工作,邛海目前已有10多张亮丽的名片:邛海被国家林业和草原局评为国家生态文明教育基地、国家湿地公园、中国最具网络人气最佳野生鸟类观赏地;被中华人民共和国文化和旅游部评为国家级旅游度假区、国家级生态旅游示范区、国家湿地旅游度假区、国家湿地旅游示范基地、国家水利风景区、国家环保科普基地、全国科普教育基地、全国中小学科普教育实践基地。但是，邛海的保护工作任重道远，我们要当好邛海的"保护神"，把邛海保护好、建设好、管理好，切实解决好邛海湿地的保护与恢复问题，这是高校科技工作者的重大责任，也是凉山西昌各族群众的迫切愿望。

今喜闻彭徐教授团队出版《四川省邛海生物多样性调查》一书，它是目前邛海生物多样性保护最完整最全面的科研著作，是一份高原湖泊湿地保护珍贵翔实的资料，对各级政府与部门的管理者、科技工作者都具有指导意义和参考价值。希望它的出版为高原湖泊保护、湿地恢复和重建产生积极的推动作用，保护好国家的江河湖泊，为高原湖泊地区政府部门的决策和生态保护服务。

西南大学生命科学学院
何学福教授
2019 年 4 月 21 日

前　言

　　邛海位于全国最大的彝族聚居地——四川凉山彝族自治州首府西昌市东南约 3km。流域辖西昌市的新村街道办、西郊乡(部分)、大箐乡、海南乡、大兴乡、川兴镇、高枧乡及普诗乡和玛增依乌乡、东河乡的部分地区。流域总人口 11.2 万～11.8 万人，人口组成的特点是多民族杂居，以汉族和彝族居多，分别占 90.1%和 8.0%，另有回、藏、纳西、蒙古、壮、侗、白、苗、布衣、满、羌、土家等 12 个民族。流域人口主要以农业人口为主，约占总人口的 77.9%。

　　邛海流域地处我国西南亚热带高原山区，即青藏高原东南之缘，横断山纵谷区，处于印度洋西南季风暖湿气流北上的通道上。流域地形地貌以山地为主，谷坝次之，形成"八分山地、二分坝"和坝内"八分山地、二分水"的比例状态。邛海流域为东、北、南高山环绕向西侵蚀开口的中高山和断陷盆地地形，海拔为 1507～3263 m，从断陷盆地来看，长 18～20 km，宽 5～8 km，总面积 108 km²，盆地西北向为盆口，与安宁河断陷河谷平原相连，历史上受安宁河断裂带东支断裂影响显著。

　　邛海，古称邛池，属更新世早期断陷湖，至今约 180 万年。其形状如蜗牛，南北长 11.5km，东西宽 5.5km，周长 35km，水域面积 31km²；平均水深 14 m，最大水深 34 m，水面标高为 1507.14～1509.28m；汇流面积 307.67km²(含水域面积)，总库容 3.2 亿 m³，湖水滞留时间 2.2 年，属我国西南地区特有的封闭与半封闭湿地类型。流域溪沟密布，河沟比降大，主要汇水河流北有高沧河，东有官坝河，南有鹅掌河，入湖河流 8 条，出湖河流 1 条，湖水整体由东南向西北流动，汇水区域位于西昌市上游，排水经海河穿西昌城区进入安宁河，再经雅砻江汇入金沙江。

　　邛海不仅具有调节气候、蓄水、防洪等自然功能，而且是西昌市城区 40 万城镇人口的重要饮用水源地之一。兼具有水产养殖、旅游观光、湿地保护等多种功能。邛海水质较好，总体维持在 II 类地表水水质，能见度达 1m。邛海物种丰富，有野菱角、邛海白鱼、中华秋沙鸭等特有物种和珍稀物种，2010 年以来，西昌建成 2 万亩①邛海城市湿地，每年有大量候鸟栖息。邛海在我国西南高原湖泊中具有特殊地位，其生态环境安全对珍稀物种、湿地保护、生物多样性维持等具有不可替代的作用。

　　邛海是四川省第二大淡水湖泊，是西昌的母亲湖，是城市周边弥足珍贵的自然湿地，是国家重要保护生物栖息地，同时邛海-泸山风景区也是国家级风景名胜区。西昌市政府

---

① 1 亩≈666.7 平方米。

对邛海及湿地保护以及基础设施建设投入了大量资金，项目资金主要由西昌市国资公司融资和市财政投入组成，共计投入 50 余亿元。2014 年邛海环湖湿地全面恢复建成后，总面积达 13.73 km²，使邛海水域面积恢复到 34 km²，成为全国最大的城市次生湿地。景区功能设施更加完善，休闲度假产业快速发展，品牌效应更加突出，知名度、美誉度大幅提升，游客量持续增长。2015 年西昌邛海成功创建成为全国首批、四川唯一的国家级旅游度假区，旅游发展全面完成转型升级。2016 年，西昌邛海水利风景区正式成为国家水利风景区，邛泸景区获批国家环保科普基地，西昌邛海国家湿地公园成功创建全国科普教育基地。

为大力推进邛海生态环境保护，根据财政部、环境保护部《关于组织申报湖泊生态环境保护试点的通知》（财建函〔2011〕155 号）和《湖泊生态环境保护试点管理办法》（财建〔2011〕464 号）有关要求，2012 年凉山州编制了邛海生态环境保护试点项目申报材料，并成功申请入围第二批生态专项保护范围。根据湖泊生态环境保护专项工作的总体部署要求，于 2012 年启动开展邛海生态安全调查与评估工作。2015 年初，由西昌学院、凉山科华水生态工程有限公司共同开展为期三年的邛海生物多样性基线科研调查工作，通过全面开展邛海流域生物多样性基底调查研究，为邛海湿地流域的可持续利用与发展奠定坚实的科学基础。按项目要求，调查时间从 2015 年 8 月开始至 2017 年 9 月完成。调查范围包括邛海流域 307.67km²，涉及邛海流域辖西昌市的新村街道办事处、西郊乡（部分）、大箐乡、海南乡、大兴乡、川兴镇、高枧乡及普诗乡、玛增依乌乡和东河乡的部分地区。调查以邛海湖区约 80.6km² 的面积范围为主，其中湖面面积 34km²，湿地 13.73km²。

本调查研究开展与组织实施由攀枝花学院彭徐教授负责，本书汇编定稿由彭徐负责，收集、整理、数据采集和分析由彭徐、王堂尧、董艳珍、梁剑、徐大勇、杨位飞完成。本书前言和总论由彭徐编写；第 1 章由王堂尧、杨位飞编写；第 2 章由王堂尧、彭徐、杨位飞编写；第 3 章、第 4 章浮游生物部分由董艳珍编写，底栖生物部分由徐大勇编写，水生维管束植物部分由梁剑、杨位飞编写，鱼类调查部分由徐大勇、彭徐、邓思红编写，鸟类、两爬动物部分由彭徐编写，昆虫部分由亓东明编写；第 5 章由王堂尧编写；第 6 章由彭徐、王堂尧编写；第 7 章由彭徐编写。本书图件编绘主要由杨位飞负责。

本调查研究得到了西昌市邛海泸山风景区管理局、西昌市农牧局渔政股、邛海水产有限公司、凉山科华水生态工程有限公司等单位的大力支持和帮助。在此，表示衷心的感谢！

由于水平有限，本书疏漏之处恳请有关专家和读者批评指正。

目　　录

1 总　　论

　　湖泊是我国最重要的淡水资源之一，党中央、国务院高度重视湖泊保护，2007 年 11 月，启动了《全国重点湖泊水库生态安全评估与综合治理方案》。2011 年，财政部和环境保护部联合发布了《关于印发〈湖泊生态环境保护试点管理办法〉的通知》（财建〔2011〕464 号），开展水质良好湖泊的生态环境保护试点工作，推动了我国湖泊生态环境保护思路的转变，由原来的"重治理、轻保护"变为"防治并举，保护优先"。

　　邛海位于青藏高原横断山区东缘，四川西南隅，处于西昌市东南郊（东经 102° 18′，北纬 27° 32′）。距今 200 万年前，通过第四纪地质构造运动断陷形成的陷落湖，为四川第二大淡水湖，属高原半开放淡水湖。东接与昭觉县之间的界山，南至螺髻山北坡，北至西昌市区东、西河谷地。湖面南北最长 11.5km，西北宽 1.5km，西南宽 5.3km，平均宽 2.7km，东西最宽 5.5km，岸线长 35km。据《西昌市志》载，20 世纪 40 年代以后，邛海最大面积为 31km^2，1957 年航测为 30.1km^2；《凉山州志》所载面积为 29.3km^2（与 1987 年凉山州地名办公告同）。由于官坝河、鹅掌河等山溪河大量泥沙进入邛海，造成湖面逐年在缩小。据 2010 年西昌市政府制定的《西昌市邛海湖环境保护规划实施方案》，按湖泊水位 1510.3m 计，湖面面积 27.87km^2。2014 年邛海环湖湿地全面恢复建成后，总面积达 13.73 km^2，使邛海水域面积恢复到 34 km^2。邛海湖水平均深 14m，最深处 34m；水面标高为 1507.14～1509.28m，有三条主要进水河流和一条出水平衡河道，湖水经海河流入安宁河，再经雅砻江汇入金沙江。邛海 2002 年 5 月被列为国家级风景名胜区。

　　邛海地区属于中亚热带高原季风湿润气候区，素有小"春城"之称，蕴藏着丰富的气候资源，对发展工农业、航天业、旅游业都十分有利。2002 年出版的《凉山州志》（第一轮）载：邛海在不同地段、不同深度进行过水质监测，pH 为 7.9，总硬度 67.57μg/L，磺平均 5.39μg/L，铁平均 0.068μg/L，其他有毒物质均低于仪器灵敏度，属一级水质。根据 2016 年《凉山日报》的数据，邛海水质长期监测均达到国家二类水质标准，是西昌市城区 40 万城镇人口的重要饮用水源地之一。邛海物种丰富，有野菱角、邛海白鱼、邛海鲤、中华秋沙鸭等特有物种和珍稀物种。开展邛海生物多样性调查，对邛海的保护、生态建设和社会经济发展具有一定的指导意义。其中开展邛海水生生态系统和动植物调查是邛海可持续发展中最根本和最主要的任务。

　　为有效维护湖泊水生态安全，保持优良水质，促进湖泊的可持续利用与发展，2015 年初，西昌学院与凉山科华水生态工程有限公司共同开展了为期三年的邛海生物多样性调查研究工作。

　　调查研究工作实施时间为 2015 年 8 月至 2017 年 9 月。调查范围涉及邛海流域 307.67km^2，分为陆地调查和湖区调查。

　　(1)陆地调查范围：邛海流域范围 307.67km^2，涉及邛海流域辖西昌市的新村街道办、西郊乡(部分)、大箐乡、海南乡、大兴乡、川兴镇、高枧乡及昭觉县的普诗乡和玛增依乌乡、喜德县的东河乡的部分地区。流域总人口 11.2 万～11.8 万人，其中农业人口占总人口的 90 %以上。

　　(2)湖区调查范围：共计 80.6km^2，其中湖面面积 34km^2，湿地面积 13.73km^2。

2 邛海自然环境和社会经济发展现状

2.1 自然环境

2.1.1 地质地貌

邛海流域地处我国西南亚热带高原山区，即青藏高原东南之缘，横断山纵谷区，处于印度洋西南季风暖湿气流北上的通道上。流域规划面积 307.67km² (含水域面积)，其地理坐标范围大致为 N27°47′～28°01′，E102°07′～102°23′。

邛海流域地形地貌以山地为主，谷坝次之，形成"八分山地、二分坝"和坝内"八分山地、二分水"的比例状态。流域地貌形态除周围的中、高山外，中间主要是邛海湖盆区。

邛海流域为东、北、南高山环绕向西侵蚀开口的中高山和断陷盆地地形，海拔为1507～3263m，从断陷盆地来看，长 18～20 km，宽 5～8 km，总面积 108 km²，盆地西北向为盆口，与安宁河断陷河谷平原相连，历史上受安宁河断裂带东支断裂影响显著。从流域环山来看，山体为中深切谷、剥蚀、侵蚀构造中高山，主要表现为褶皱；东南体现为断块山，受则木河断裂带控制，断裂密集，岩性软弱，坡度较缓，岩性强度高，坡度较陡，一般为 30～50℃。此外，因受地质断裂带影响，流域内地震活动频繁且强烈，历史上多次发生强震，为未来地震危险区，区域稳定性差。

邛海流域区从中生界到新生界地层均有出露，总体上看，从西往东，地层时代由老向新过渡，岩性比较简单，主要特征为发育一套软硬相间的中生代红层，其中，软弱岩层有薄层的泥岩、粉砂质泥岩、泥质粉砂岩、泥灰岩、页岩和钙质胶结的粉砂岩等，极易遭受风化剥蚀，引发大范围水土流失和泥石流。

邛海位于西昌市郊，古称邛池，属更新世早期断陷湖，至今约 180 万年。其形状如蜗牛，南北长 11.5 km，东西宽 5.5 km，周长 35 km，水域面积 34km²；湖水平均深 14m，最深处 34m；水面标高为 1507.14～1509.28m；水位变幅小，集水面积约 30km²。系四川省第二大淡水湖泊。邛海不仅是流域内重要的水源地一级保护区，同时邛海-泸山风景区也是国家级风景名胜区，为当地的社会和经济发展提供了重要支撑。

2.1.2 气候

西昌市地处低纬度、高海拔地区，受西南季风及东南内陆干旱季风交替的影响，具有中亚热带高原山地气候的特点，冬暖夏凉、干湿季分明。具体气候气象特征如下：

（1）光照充足，热量丰富，气候暖和，冬暖夏凉，春秋长、冬夏短，年日照时数 2431.4h，年均日照率为 55%，太阳辐射能 3.71×10⁵ J/cm²，平均温度 17.1℃，极端最高温度 39.7℃，极端最低温度-5℃，年平均无霜期 280d，1 月平均气温 9.5℃，7 月平均气温 22.5℃。春秋季长 283d，夏季 56d，冬季 26d。>10℃年效积温 5329.9℃。

（2）雨量充沛，干湿季分明。年降水量为 1004.3mm，集中于 5~10 月，占全年的 92.8%，而这 6 个月中又以 7 月、8 月、9 月三个月降雨最为集中，11 月至翌年 4 月降水量仅占全年的 7.2%。平均年蒸发量 1945 mm，大于降水量近 1 倍，1~4 月平均湿度在 60%以下，多干风；5~12 月平均湿度在 60 %以上，具有明显冬季干旱、夏秋多雨的特点。流域主要气象要素变化特征如图 2-1 所示。

（3）年温差小，日温差大，年温差 13.1℃。日温差 10~14℃，具有高原气候特点。

（4）具有垂直差异，气温随海拔升高而递减，每升高 100m 温度下降 0.59℃，降水量增加 30mm。

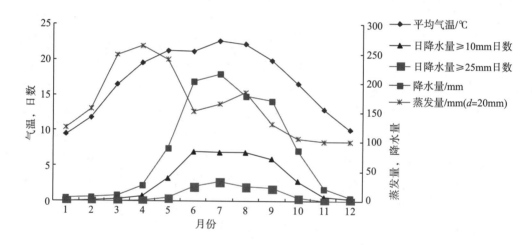

图 2-1　邛海流域主要气象要素统计月变化

根据气象资料，可划分为如下气象带：海拔 2000 m 以下为北亚热带；2000~2500 m

为暖温带；2500~2800m 为温带；2800~3300m 为寒温带；3300m 以上为亚寒带。测站高程：1590.7m

2.1.3　水文

邛海流域溪沟密布，河沟比降大，汇流面积 307 km²，多年平均径流深 760 mm，多年平均年径流量 1.2 亿 m³，湖面南北长 11.5km，东西宽 5.5km，平均水深 14m，最大水深 34 m，储水量 3.2 亿 m³，年径流量集中于 6~10 月的洪水期，暴雨形成洪峰较快，洪水持续过程多在 6~12h，洪水含沙量高，洪水陡涨陡落，多呈单峰。

邛海汇水河流北有高沧河，东有官坝河，南有鹅掌河，次一级的河流有青河、干沟河、踏沟河、龙沟河等。以上河流汇入邛海后，由海河排泄，海河自邛海西北角流出后，在西昌城东和城西纳入东河、西河后转向西南注入安宁河。流域内支沟、冲沟密布，长度大于 1 km 的支沟众多，水系密度达 0.68 条/km^2。邛海流域主要河流水文特征值见表 2-1。

表 2-1 邛海流域河流水文特征值

河名	流域面积 /km^2	比例/%	河流长度 /km	平均比降 /‰	多年平均 年径流深/mm	多年平均 年径流量/ (10^8m^3)	多年平均 流量/ (m^3/s)
官坝河	121.6	39.5	21.9	58.6	440	0.535	1.696
鹅掌河	50.14	16.3	10.59	101.9	440	0.221	0.7
干沟河 (含高沧河)	31.58	10.3	9.63	30.6	420	0.133	0.422
大河沟	10.23	3.3	3.35	18.8	415	0.043	0.136
青河	6.375	2.1	3.35	99.7	415	0.026	0.082
踏沟河	5.175	1.7	4.3	124.7	415	0.021	0.067
红眼河	3.725	1.2	3.45	107	415	0.015	0.048
龙沟河	2.165	0.7	2.2	104.5	415	0.009	0.028
各小溪及坡面	49.915	16.2			410	0.205	0.65

2.1.4 土壤

根据土壤普查资料记载，西昌市共有 7 个土类，11 个亚类，18 个土属，80 个土种。而邛海流域内土壤类型主要为紫色土、水稻土、冲积土以及红壤 4 类。4 类土壤中，紫色土及红壤为自然土，其余则不是。紫色土、水稻土、冲积土多见于邛海周围的平原及浅山地带，且以紫色土的分布面积为最广；红壤则为山地红壤，多见于海拔较高的山区，山区的垂直地带性明显，山地红壤与黄棕壤占山区土壤面积的 50 %以上，是适宜云南松、栎类树种和华山松生长的土类。

2.1.5 植被及湿地树木资源

2.1.5.1 植被

邛海流域水植物区系属泛北极植物区、中国喜马拉雅植物亚区。流域内植被分区属中国喜马拉雅植物亚区的西昌横断山地宽谷亚热带季节型常绿阔叶林区。区内常见乡土树种主要有 62 科 139 属 185 种。流域内人类开发历史悠久，加之多年的毁林开荒和乱砍滥伐，原生植被遭受破坏严重，植被主要以次生植被和人工植被为主。

从植被分布来看，邛海流域具有以下显著特征：东部和南部的官坝河、鹅掌河流域的流域森林较多，但树种较为单一；青龙寺区和泸山区则是森林、草地、灌木丛的混交区，植被种类较丰富；西北部和西南部的邛海周围则是以水田、旱地为主的农田植被。

从植被类型来看，邛海流域植被具有较为明显的森林垂直分布特征。流域内分布的亚热带植被类型主要有云南松、栎、桉树、银桦、桃、李、梅等树种及稀疏灌丛草坡，种类较丰富。流域内森林植被垂直分布的特征具体表现在：1600～2600 m 为云南松纯林、松、栎、樟等针阔混交林及华山松纯林等林型；2600～3200 m 地带为栎类、山杨、杜鹃等树种组成的常绿-落叶阔叶混交林型；3200 m 以上以箭竹-冷杉、杜鹃-冷杉红桦林等林型为主。若从整个流域森林生态系统来说，云南松占据了优势种的地位，其面积约占森林总面积的 90 %以上，占流域土地总面积 31.55 %。流域内植被现状及分布详见表 2-2。

表 2-2 邛海流域植被类型现状表

植被类型	面积/hm²	占土地总面积百分比/%
暖温性针叶林	10002.13	32.51
暖温性稀树灌丛草坡	1744.29	5.67
农田栽培植被	12551.05	40.79

注：土地总面积 307.67km²。

2.1.5.2 湿地树木资源

邛海湖盆区主要为树灌草型，区内林木分布以零星分散、小片残存为主，林地旱生化现象较为普遍，林分质量不高，林地生产力低。因人为活动干扰明显的区域植被多处于极为残次的阶段，已进入难以恢复的逆行演替后期。但湿地树木种类丰富多样，共记录 74种，隶属于 35 个科。其中，裸子植物 7 种，被子植物 67 种。按常绿、落叶、乔木、灌木四个生态类型划分，常绿 27 种，落叶 47 种，乔木 58 种，灌木 16 种。这样的生态类型组成显示，常绿和灌木树种偏少。这里引种树种有 47 种，占总数的 63.5%，并且，引种树木不但种类多，而且数量大，多集中分布。原生湿地树种只占总数的 32.4%，且原生湿地树木，不但种类少，且数量也比较少，除部分湖岸和湖滩因护岸和绿化需要栽培的柳属和杨属植物数量较多外，其余原生种类常为单株或几株零星分布。在邛海湖盆区湿地，有果树 12 种，占总数的 16.2%。

邛海湖盆区湿地树木名录见附录 1。

邛海流域森林资源特点是森林树种结构单一，针叶林化倾向严重。属山地常绿针阔混交林植被类型。该构成针叶林的树种主要有云南松、华山松、云南油杉、落叶松等树种，其中云南松(或以云南松为优势树种)的林分面积占邛海流域林分总面积的 90%以上，占流域土地总面积的 31.55%。组成森林群落的植被简单，多数为针叶同龄纯林，林间灌木层、草本层植物种类单一，森林群落结构和稳定性较差，森林生态系统比较脆弱。虽然邛海流域森林树种结构单一，但是对邛海水土保持起到了重要作用。

2.2 社会经济发展状况

2.2.1 行政区划与人口

邛海流域辖西昌市的新村街道办、西郊乡(部分)、大箐乡、海南乡、大兴乡、川兴镇、高枧乡及昭觉县的普诗乡和玛增依乌乡、喜德县的东河乡的部分地区。流域总人口 11.2 万~11.8 万人,人口组成的特点是多民族杂居,以汉族和彝族居多,分别占 90.1%和 8.0%,另有回、藏、纳西、蒙古、壮、侗、白、苗、布衣、满、羌、土家共 12 个民族。流域人口分布的特点为农业人口多,农业人口约占总人口的 77.9%,其中非农业人口主要分布在邛海西岸,其余区域基本以农业人口为主。

邛海泸山风景区管理局辖区面积 80.6 km^2。辖区行政单位包括五乡一镇一街道办,为西郊乡、海南乡、大箐乡、高枧乡、大兴乡、川兴镇以及新村街道办。辖区人口约 10 万人。

2.2.2 国民经济状况

2.2.2.1 产业发展

西昌市近年来保持了稳定持续的发展,2015 年实现地区生产总值 426.47 亿元,2016 年全市实现地区生产总值 461 亿元,同比增长 8%;实现地方公共财政收入 38 亿元,同比增长 8%;全市综合财力首次突破 100 亿元;社会固定资产投资预计完成 320 亿元,同比增长 10.4%;社会消费品零售总额完成 250.3 亿元,同比增长 11%;城镇居民人均可支配收入达到 31653.5 元,同比增长 9%;农村居民人均可支配收入达到 14982 元,同比增长 10%。跻身全国综合实力百强县第 93 位、投资潜力百强县第 100 位。

2.2.2.2 农业生产现状

2015 年实现农业增加值 42.3 亿元,粮食总产量 28.9 万 t,建成国家级农业标准化示范区 3 个。建成月华等 8 个现代农业万亩示范区、20 万亩绿色水稻基地、10 万亩全国绿色蔬菜标准化生产基地、5 万亩绿色马铃薯基地、国家级杂交玉米制种基地。连续实施核桃"双百万"工程,核桃种植面积达到 30 万亩。新培育重点农业龙头企业 60 余家、家庭农场 48 个,注册农民专合组织 480 个,累计创建农产品品牌 82 个,被评为全国生猪调出大县、全国奶牛标准化示范县。

流域农业经济中,农牧比例较大,渔业也占一定比例,林业所占比例较小。查阅相关西昌市、喜德县、昭觉县近年来的统计数据,得知邛海流域湖盆区农业约占 50 %,畜牧业 27 %，渔业 22.3 %，林业 1.7%（图 2-2）。

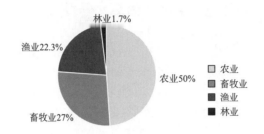

图 2-2　邛海流域湖盆区农业结构

2.2.3　土地利用现状

邛海属于高原半封闭湖泊。两渚平浅与沉连为开阔的湖滨平原，为农业用地。东以青龙山为岸，为宜林荒地及部分果园。四川测绘地理信息局利用卫星遥感和地理信息技术，对邛海流域的生态环境进行遥感监测，2017 年邛海流域林地面积达到 166.8km²，林地覆盖率达到 53.72%，邛海水域面积约为 34 km²，总蓄水量超过 3 亿 m³，另泸山及邛海均有部分单位建设用地。各用地现状见图 2-3。

制图：四川省测绘地理信息局

图 2-3 邛海流域土地分布图

流域农作物的主要类型有粮食作物(包括小春粮食与大春粮食)、经济作物(含油料、甘蔗、烤烟)以及蔬菜三大类。从流域湖盆区种植面积分布情况来看,粮食作物播种面积最大,占湖盆区总播种面积的 80.6%,且小春粮食以小麦和胡豆为主,大春粮食以水稻为主;经济作物中,烤烟占主要地位,甘蔗和油料比例相当;此外,蔬菜的种植面积在总播种面积中也占有相当的比例。各主要农作物占湖盆区总播种面积的比例见图 2-4。

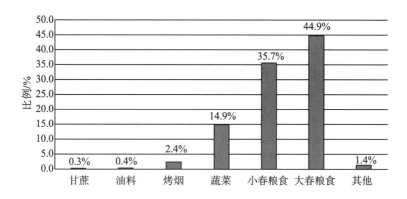

图 2-4　湖盆区主要农作物种植面积分布

2.2.4　交通旅游业发展

邛海流域第三产业近年来发展势头强劲,旅游业强势发展成为第三产业龙头。

2.2.4.1　交通、运输及邮电通信业

近年来,西昌市交通、运输和邮电通信业保持稳定增长。交通运输四通八达,市内交通总网已基本形成。雅西高速建成通车,成昆铁路扩能改造工程、泸黄高速加宽改造工程、北环线等开工建设。投入 25 亿元,实施 G108、S212、S307 等一批国省干线改造工程、乡村道路新建改造工程和安宁河琅环大桥、阿七大桥、马裕大桥等一批桥梁工程。新建、改造县乡道路 118km,建设村道及其他道路 2273km,至 2016 年底,全市 37 个乡镇,实现乡乡通油路,231 个行政村中,通村公路覆盖率达 100%,已实现村村通公路的运输网络格局。实现乡镇网络全覆盖,基本建成全光网有线网络。

成昆铁路为国家干线铁路,且电气化开通后交通运输能力大大加强。西昌青山机场位于西昌市北郊,距离市中心和发射中心分别为 13.5km 和 50km;机场能够起降 C-130、安 124 和波音 747 等大型飞机,是我国西南跑道最长的 4D 型全天候机场,是川西南地区重要的航空港。目前西昌开通了飞往成都的航班,每天执行往返成都的飞行。实现北京直航,新开通上海、广州、深圳、西安、昆明、济南等 9 条航线,航线数达 11 条。

北山水厂、三水厂、邛海污水处理厂、小庙污水处理厂等一批供排水项目建成投入

使用，大桥引调水工程已完成项目可研审查，城市供水能力达 18 万 t/d，污水处理能力达 13 万 t／d。

2.2.4.2　旅游业

旅游业被称为"无形贸易""朝阳产业"，在第三产业中最具生机和活力。邛海流域邛海—泸山风景区秀丽迷人、螺髻山风景区壮丽巍峨，各具特色，加之气候宜人，冬暖夏凉，多民族风情独特鲜明，引人入胜，使得流域的旅游资源得天独厚。西昌位于川滇结合部的咽喉地带，又是乐山、峨眉、西昌、泸沽湖、丽江、大理这条"中国西南民族风情旅游线"不可或缺的成员之一，地理位置极其优越，发展优势突出，发展潜力巨大。与此同时，邛海流域以自身独特的旅游资源优势为依托，以全市旅游城市发展规划为导向，以西部大开发为契机，大力加快旅游业的发展步伐，创建自身特色品牌，使旅游业这颗"新星"越升越高，成为流域龙头产业之一，且其发展必将带动相关的餐饮、酒店、商场等诸多行业的发展，最终促进流域社会经济的整体发展。

西昌市政府对邛海及湿地保护以及基础设施建设投入了大量资金，项目资金主要由西昌市国资公司融资和市财政投入组成，共计投入 50 余亿元。邛海湿地全面建成后，总面积达 13.73 km^2，使邛海水域面积恢复到 34 km^2，成为全国最大的城市次生湿地。

2014 年邛海环湖湿地全面恢复建成，景区功能设施更加完善，休闲度假产业快速发展，品牌效应更加突出，知名度、美誉度大幅提升，游客量持续增长。2015 年西昌邛海成功创建成为全国首批、四川唯一的国家级旅游度假区，旅游发展全面完成转型升级。目前，邛海湿地的单日最大游客承载量是 23 550 人。2016 年，西昌市接待游客 2114.71 万人次，其中邛海景区是最火爆的景区之一。

表 2-3　近几年邛海-泸山风景名胜区接待游客量统计表

年度	接待游客/万人次	同比增长率/%	旅游收入/万元	同比增长率/%	一日游/万人次	过夜游/万人次	自驾车/架次
2014	1410.38	4.9	168 400	3.9	1058	352.38	807 300
2015	1492.51	5.82	174 700	3.74	1119	373.51	852 900
2016	1548	3.72	187 700	7.441	1161	387	874 200

2016 年西昌市启动全域旅游规划，大力推进"旅游+农业""旅游+文化""旅游+体育"等旅游新业态发展。启动邛海东岸生态田园区温泉小镇、冰雪小镇等 4 个旅游小镇和彝族文化旅游博览园建设，加强接待设施建设，实现旅游收入近 200 亿元。

"十二五"期间，西昌市荣获全国生态文明示范工程试点县市、中国最生态城市、全国最佳野生鸟类观赏城。西昌市在全国网络和媒体评选中荣获 6 项荣誉：中国旅游城市榜20 强、中国最美的五大养生栖息地、中国最佳休闲小城"一座春天栖息的城市"、中国最值得去的十座小城、中国旅游最令人向往的地方、中国十大最美古城。

邛海湿地景区被评为国家级生态旅游示范区、邛海国家湿地公园、国家环保科普基地、中国国际旅游摄影创作基地、首批国家级旅游度假区、国家行政学院现场教学基地。

2016 年，西昌邛海水利风景区正式成为国家水利风景区、邛泸景区获批国家环保科普基地，西昌邛海国家湿地公园成功创建全国科普教育基地。

3 邛海生物多样性调查及其组成状况

3.1 浮游生物调查及其组成状况

3.1.1 调查内容和方法

3.1.1.1 调查内容

浮游植物：种类组成、数量，给出生物多样性指数、空间(水平和垂直)分布差异。
浮游动物：种类组成、数量，给出生物多样性指数、空间(水平和垂直)分布差异。

3.1.1.2 调查方法

1.监测点位

与湖泊水质监测点位协调一致，共布设 5 个点位，见图 3-1、表 3-1。

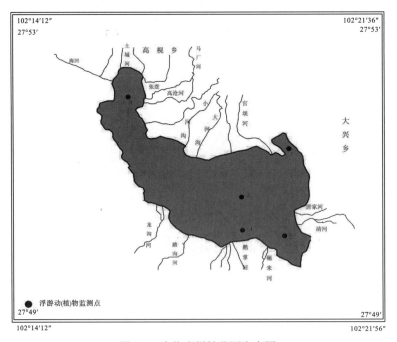

图 3-1 生物多样性监测布点图

2. 调查时段及频次

2015 年、2016 年，每季度一次。

3. 样点布置及采样水层

2015 年 12 月采样 1 次；2016 年 3 月、6 月、9 月各采样 1 次。由于各样点水深及透明度差异较大，不同样点采样水层根据样点的水深和透明度进行采样，具体见图 3-2、表 3-1，采样时使用 GPS 进行定位。

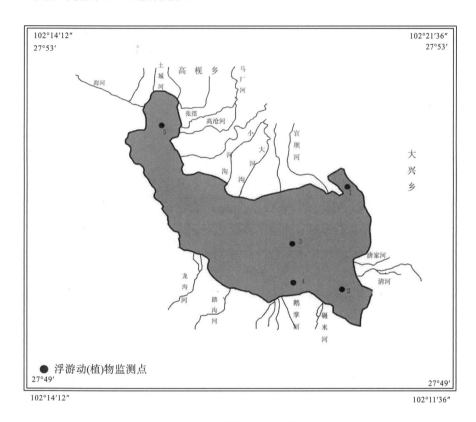

图 3-2　邛海浮游植物(动物)采样点分布图

表 3-1　邛海浮游植物(动物)采样点及采样水层

采样点	水深/m	透明度/m	采样水层/m
1	5~6	2.4~2.7	0.5，2.5，5
2	14.7~15	3.0~5.4	0.5，3.5，9
3	17.5~18.7	3.2~5.3	0.5，3.5，9
4	11.7~12.5	3.2~4	0.5，3.5，9
5	2.5~4	0.3~1.4	0.5，2.5

4. 采样方法

采样方法参考章宗涉和黄祥飞(1991)的方法进行。浮游植物和小型浮游动物(原生动物、轮虫和无节幼体)定量水样：每一个采样点、每一采样水层分别采水 1000mL，放入 1000mL 水样瓶后，立即加入 15mL 鲁哥氏液固定。采样时记录采样点的水体情况，每瓶样品贴上标签，标签上记载采样时间、地点、采水体积、水温、透明度等基本信息。

浮游植物定性水样：在采集好定量水样后，用 25 号浮游植物网在采样点呈"∞"形采集水样，作为定性鉴定的水样。

大型浮游动物(桡足类和枝角类)定量样品采集：每个采样点每个水层分别采水样 20L，用 25 号浮游生物网过滤浓缩至约 100mL，立即加入 6mL 甲醛溶液固定。

5. 水样浓缩

将上述所采得的浮游植物水样，带回实验室，静置沉淀 48h，用虹吸管小心抽出上面不含藻类的"清液"。将剩下的 30～50mL 沉淀物转入 50mL 的定量瓶中；再用上述虹吸出来的"清液"少许冲洗三次沉淀器，冲洗液转入定量瓶中。每 100mL 样品另加 6mL 福尔马林，以利于长期保存。

浮游动物定量样品采用同样的方法进行沉淀、浓缩至 30～50mL。

6. 浮游生物种类鉴定与分类计数

1)浮游生物种类鉴定

对采集回的浮游植物定性样品在显微镜下仔细观察，对照《中国淡水藻类系统、分类及生态》(胡鸿钧和魏印心，2006)、《淡水浮游生物图谱》(韩茂森，1980)等参考书，对浮游植物进行分类、拍照。

浮游动物种类鉴定参考《淡水浮游生物图谱》(韩茂森，1980)、《原生动物学》(沈韫芬，1999)、《中国淡水轮虫志》(王家楫，1990)、《中国动物志：节肢动物门-甲壳纲-淡水枝角类》(蒋燮治和堵南山，1979)进行。

2)浮游植物计数

将浓缩沉淀后的浮游植物水样充分摇匀后，立即用 0.1mL 吸量管吸出 0.1mL 样品，注入 0.1mL 计数框，然后在 10×40 倍显微镜下计数，每瓶标本计数两片取其平均值，由于浮游植物数量较少，故全片计数。

在计数过程中，某些藻类个体一部分在视野中，另一部分在视野外，这时在视野上半圈者计数，出现在下半圈者不计数。计数时数量用细胞表示，对不宜用细胞数表示的群体或丝状体，直接数出其细胞数量。

3)浮游动物轮虫的计数

计数时，将样品充分摇匀，然后用定量吸管吸 0.1mL 注入 0.1mL 计数框中，在 10×20

的放大倍数下计数原生动物。在 10×10 放大倍数下计数轮虫。计数两片取平均值。

4) 甲壳动物的计数

将浓缩的浮游动物样品充分摇匀，然后用定量吸管吸 1mL 注入 1mL 计数框中，在 10×4 的放大倍数下计数枝角类和桡足类。计数两片取平均值。

5) 浮游生物数量与生物量的计算

（1）浮游植物计算。

①浮游植物数量计算。1L 水中的浮游植物的数量（N）用下列公式计算：

$$N = \frac{V}{U} \times n$$

式中，V—— 1L 水样经沉淀浓缩后的体积，mL；

U——计数框的体积（mL），为 0.1mL；

n——浮游植物个数。

②浮游植物生物量计算。查阅相关参考文献获得各种藻类细胞的湿重，再根据所统计的浮游植物的数量进行计算。

（2）浮游动物计算。

①浮游动物数量计算。把计数获得的结果用下列公式换算为单位体积中浮游动物个数：

$$N = V_s \cdot n / (V \cdot V_a)$$

式中，N——1L 水中浮游动物的个体数；

V——采样体积；

V_s，V_a——沉淀体积和计数体积，mL；

n——计数所取得的个体数。

②浮游动物生物量计算。浮游动物生物量根据相关文献上同类浮游动物湿重数据进行计算。

3.1.2 水温和水体透明度变化

在对邛海浮游生物水样采集的同时，也对水体的温度和透明度进行了测定，邛海各季节水温变化见表 3-2。

表 3-2 邛海各季节水温变化

时间	2015.12	2016.03	2016.06	2016.09	2017.03
水温/℃	12	16	24	22	15

从表 3-2 可知邛海在冬季（12 月）水温最低，为 12℃左右；夏季（6 月）水温最高，为 24℃左右；全年平均水温 18.5℃，全年水温变幅在 10℃左右。

邛海透明度的季节变化见表 3-3 和图 3-3。

表 3-3　邛海各季节各样点透明度变化　　　　　　　　（单位：m）

	1 号点	2 号点	3 号点	4 号点	5 号点	平均值
2015.12	2.4	3.4	3.5	3.3	1.4	2.80
2016.03	2.7	5.4	5.3	4.0	0.5	3.58
2016.06	1.5	3.0	3.3	3.2	0.3	2.26
2016.09	1.7	3.9	4.1	3.8	1.5	3.00
2017.03	2.6	4.3	4.1	4.6	0.6	3.24
平均值	2.18	4.00	4.06	3.78	0.86	2.98

　　2015 年 12 月到 2017 年 3 月邛海全湖透明度为 2.8～3.58m，平均为 2.98m。其中最大透明度 3.58m 出现在 2016 年 3 月；其次是 2017 年 3 月，为 3.24m；最小透明度出现在 2016 年 6 月，为 2.26m。邛海夏季透明度相对较低，春秋两季透明度较高。

　　透明度的水平变化（图 3-4）：邛海不同区域透明度差异较大，最大透明度出现在 3 号点，最小透明度出现在 5 号点。邛海不同区域透明度差异大可能与水深以及人类活动有关：5 号点水深仅 2.5～4m，毗邻湿地公园，受风力作用和人类活动影响，水体透明度低，在夏季和秋季采样时发现该处水体呈浑黄色，可能水中泥沙含量较高；3 号点透明度最高，可能与该点远离湖岸，受人类活动影响较小有关；2 号点三面环山，山上植被丰富，水土流失较少，因此进入此区的营养盐和悬浮物相对较少，透明度也较高，略低于 3 号点。

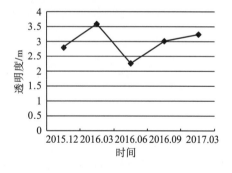

图 3-3 邛海透明度的季节变化

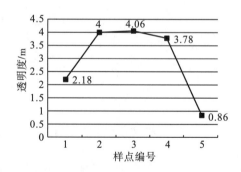

图 3-4 邛海透明度的水平变化

　　透明度是衡量水体营养水平的一个重要指标，2015 年 12 月至 2016 年 9 月邛海水体平均透明度为 2.91m，最大透明度达 5.4m。美国环保局富营养化标准中规定贫营养型水体透明度应该大于 3.7m，中营养型水体透明度在 2.0～3.7m，单从透明度这一指标衡量，邛海水质处于中营养到富营养状态。

3.1.3 浮游植物群落结构特点

邛海浮游植物种类繁多,一共检出浮游植物 196 种(变种),分属 8 门 75 属(见表 3-4、图 3-5、附录 2,附录 13)。从表 3-4 可知邛海浮游植物种类组成以绿藻为主,共 35 属 107 种(亚种),分别占邛海浮游植物总属数和总种数的 46.70%和 54.6%;其次是硅藻门 15 属 28 种,分别占 20.00%和 14.29%;黄藻门种类最少,除在 2017 年 3 月发现 2 属 2 种外,其余季节均未发现。

表 3-4 邛海浮游植物种属组成

	甲藻		绿藻		硅藻		裸藻		隐藻		金藻		蓝藻		黄藻		合计	
	属	种	属	种	属	种	属	种	属	种	属	种	属	种	属	种	属	种
2015.12	3	3	14	32	7	10	1	6	2	7	2	4	6	7	0	0	35	69
2016.03	3	3	13	54	8	14	2	8	2	4	1	3	6	9	0	0	35	95
2016.06	2	4	29	53	14	17	3	7	2	4	2	2	8	17	0	0	60	104
2016.09	2	2	16	27	9	12	2	4	1	4	1	1	9	9	0	0	40	59
2017.03	3	3	18	28	7	9	1	3	1	4	2	2	4	5	2	2	38	56
总计	3	5	35	107	15	28	4	15	2	8	3	7	11	24	2	2	75	196

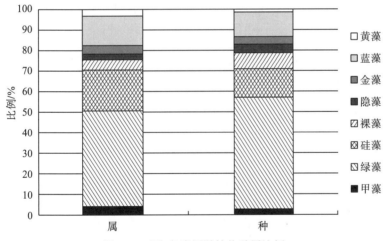

图 3-5 邛海各类浮游植物种属比例

从表 3-4 可知除 2016 年 6 月外,其余各季节各类浮游植物种属数量差异不大,有 35～40 属,56～95 种(亚种),均以绿藻门种属数最多,其次是硅藻门和蓝藻门,裸藻门、隐藻门、金藻门和甲藻门种类均较少。

彭徐和何平(1995)分别于 1989～1992 年对邛海浮游植物进行了调查,共检出浮游植物 6 门 40 属,以硅藻门为最多,占邛海藻类总数的 52.17%,绿藻门占 23.91%,他们根据浮游植物群落结构,认为邛海水属贫营养湖泊类型。而姚维志和冯锦光(1996a、b)也对邛海浮游植物进行了调查,发现藻类 8 门 68 属 99 种,其中绿藻占总种数的 42.4%,硅藻占 31.3%，他们认为从种类上看，绿藻和硅藻是邛海浮游植物的优势类群。本研究所检出的浮游植物属数与姚维志和冯锦光(1996a、b)的结果相近，也以绿藻和硅藻为主，但种(变种)类数相差较大。

3.1.3.1 季节变化

1. 邛海浮游植物密度的季节变化

邛海浮游植物密度为 $55.41 \times 10^4 \sim 239.42 \times 10^4$ cells/L，平均为 124.97×10^4 cells/L(表 3-5)。不同季节邛海浮游植物密度差异较大，其中 2015 年 12 月密度最低，2017 年 3 月密度最高，从变化趋势上看，以秋冬季节密度较低，而春季密度最高。

表 3-5　邛海浮游植物密度的季节变化　　　　　　　　(单位：10^4cells/L)

	甲藻	绿藻	硅藻	裸藻	隐藻	金藻	蓝藻	合计
2015.12	0.94	21.44	21.97	1.97	7.78	0.65	0.67	55.41
2016.03	0.49	44.10	28.16	5.52	51.80	3.22	3.85	136.32
2016.06	2.12	39.58	22.46	1.20	24.59	5.11	27.14	122.19
2016.09	1.91	25.55	7.24	0.92	33.69	0.01	2.17	71.49
2017.03	3.53	188.75	27.58	2.47	12.00	1.15	1.57	239.42
均值	1.80	63.88	21.48	2.42	25.97	2.03	7.08	124.97

邛海浮游植物数量上以绿藻为主，平均为 63.88×10^4 cells/L，占浮游植物总量的 43.60%(图 3-6)；其次是隐藻，为 25.97×10^4 cells/L，占 24.86%；硅藻数量也较多，为 21.48×10^4cells/L，占总量的 20.07%；其余藻类数量较少。

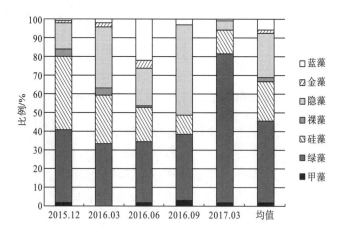

图 3-6　邛海各类浮游植物密度比例的季节变化

2017 年 3 月浮游植物数量明显高于其余几个季节，绿藻数量所占比例高达 78.84%，硅藻和其余藻类比例均不同程度下降。

2. 邛海浮游植物生物量的季节变化

邛海浮游植物生物量为 0.2861~1.2533mg/L，平均为 0.8206mg/L（表 3-6），远低于姚维志和冯锦光（1996a、b）的研究结果：邛海浮游植物生物量年变幅为 1.01~10.30mg/L，平均为 5.07mg/L。

表 3-6　邛海浮游植物生物量的季节变化　　　（单位：mg/L）

	甲藻	绿藻	硅藻	裸藻	隐藻	金藻	蓝藻	合计
2015.12	0.0705	0.0384	0.0816	0.0038	0.0782	0.0101	0.0035	0.2861
2016.03	0.0425	0.3827	0.1167	0.0157	0.2724	0.0189	0.0098	0.8586
2016.06	0.1827	0.3089	0.0883	0.1476	0.4078	0.0126	0.1055	1.2533
2016.09	0.1961	0.0434	0.0297	0.0535	0.7125	0.0001	0.0043	1.0396
2017.03	0.1414	0.0924	0.0401	0.0267	0.1053	0.0057	0.0195	0.4130
均值	0.1275	0.2106	0.0788	0.0497	0.3193	0.0096	0.0286	0.8206

除 2015 年 12 月邛海浮游植物生物量很低（0.2861mg/L）外，其余几个季节变化较小（0.8586~1.2533mg/L），总体说来冬春季节低于夏秋季节。邛海浮游植物密度和生物量的变化不完全一致：如 2016 年 3 月游植物密度为 136.32×10^4 cells/L，低于 2017 年 3 月的 239.415×10^4 cells/L，但 2016 年 3 月浮游植物生物量为 0.8586mg/L，却高于 2017 年 3 月的 0.4130mg/L，分析原因是 2016 年 3 月邛海浮游植物中有较多数量的新月藻，而该藻个体大，从而导致生物量大幅提高。

邛海各类浮游植物在不同季节表现出不同的变化规律（图 3-7）：隐藻生物量在水温较低的季节（冬季和春季）较低，而在水温较高的季节（夏季和秋季）较高，在 2016 年 9 月高达 0.7125mg/L；绿藻在 2016 年 3 月和 6 月生物量较高，分别为 0.3827mg/L 和 0.3089mg/L，在其余季节生物量较低，原因可能是这两个季节新月藻数量较多；在水温较低时硅藻生物量较高，水温较低时则相对较低；甲藻生物量在 2015 年 12 月和 2016 年 3 月较低，其余季节相对较高；裸藻、金藻、蓝藻和裸藻生物量在各个季节均很低。

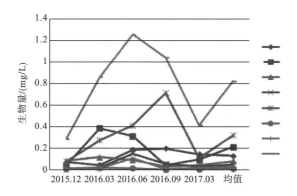

图 3-7　邛海各类浮游植物生物量的季节变化

　　邛海各类浮游植物生物量比例见图 3-8：隐藻和绿藻生物量最高，平均分别为
0.3193mg/L 和 0.2106mg/L，分别占浮游植物总生物量的 36.05%和 23.18%；甲藻和硅藻则
分别占 19.30%和 12.41%。

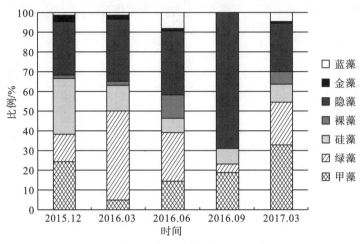

图 3-8　邛海各类浮游植物生物量比例的季节变化

　　邛海浮游植物数量上以绿藻、硅藻和隐藻为主，生物量上则以隐藻、绿藻和甲藻为主，
硅藻亦占一定比例。根据邛海浮游植物的生物量和种类组成，初步判断邛海水质处于中营
养水平，但隐藻大量出现，说明邛海水质可能正处于中营养向富营养型转变，需要注意水
质的保护。

3.1.3.2　水平分布变化

1. 邛海浮游植物数量的水平变化

　　邛海浮游植物的密度在水平分布上呈现出一定的差异（表 3-7），即 5 号点>1 号点> 4
号点>2 号点>3 号点，与透明度变化规律相反（透明度变化：5 号点< 1 号点< 4 号点< 2 号
点≈ 3 号点）。

表 3-7　邛海浮游植物密度的水平分布　　　　　　　　　　（单位：10^4ind/L）

采样点	2015.12	2016.03	2016.06	2016.09	2017.03	平均值
1 号点	94.88	13.85	109.01	147.89	335.54	140.23
2 号点	17.99	161.25	80.44	42.45	199.74	100.37
3 号点	55.11	140.41	121.41	13.98	104.53	87.09
4 号点	83.27	222.62	120.08	16.83	239.78	136.52
5 号点	25.83	143.49	180.03	136.31	317.49	160.63

但是邛海不同位点浮游植物密度在不同季节变化规律不尽相同：1 号点密度在 2016 年 3 月最低，2 号点和 5 号点在 2015 年 12 月最低；3 号、4 号点则在 2016 年 9 月最低。出现这种差异的原因还需进一步分析研究。

2. 邛海浮游植物生物量的水平变化

邛海浮游植物的生物量的水平分布与密度分布规律一致（表 3-8），即：5 号点>1 号点> 4 号点> 3 号点> 2 号点。

表 3-8 邛海浮游植物生物量的水平分布 （单位：mg/L）

采样点	2015.12	2016.03	2016.06	2016.09	2017.03	平均值
1 号点	0.451 96	0.106 9	0.990 1	2.910 2	1.184 1	1.128 7
2 号点	0.114 38	0.544 1	1.006 7	0.813 7	0.587 7	0.613 3
3 号点	0.201 45	1.149 1	1.186 2	0.232 6	0.314 6	0.616 8
4 号点	0.358 83	1.149 1	1.239 1	0.210 6	0.685 9	0.728 7
5 号点	0.303 79	1.076 2	1.844 5	1.031 1	2.456 7	1.342 5

5 号点与邛海湿地公园 3 期毗邻，水深仅 2.5~4m，透明度为 0.3~1.5m（平均为 0.86m），但浮游植物密度和数量并未比其余几个位点高出太多，原因可能是该位点水较浅，水底泥沙等因风浪影响而进入水层中，导致水色体透明度特别低，在采样中也发现此处水色明显呈浑黄色。

1 号点为一个相对封闭的内湾，水较浅（5~6m），透明度相对较低，为 1.5~2.6m（平均为 2.18m）。多次采样观察发现此处风浪较小，但此处人类活动频繁，且常有渔船进出，可能导致一些底泥进入水层中，从而影响透明度。

2、3、4 号点离湖岸均较远，且水深较大，受人类活动和风浪影响较小，故透明度相对较高，浮游植物数量和生物量相对较低。

在本研究中浮游植物生物量和透明度呈负相关（图 3-9），浮游植物生物量（Y，mg/L）和透明度（X，m）的回归方程：

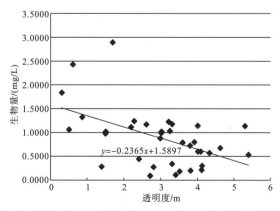

图 3-9 邛海各类浮游植物生物量比例的季节变化

$$Y = -0.2365X + 1.5897$$

从图 3-9 可知在回归直线两侧还有较多分散的点，原因可能是：透明度除受浮游植物生物量影响外，还受水中其他悬浮物质、太阳辐射、波浪等的影响。

3.1.3.3　垂直分布变化

邛海浮游植物密度的垂直变化见表 3-9。由于不同位点水深和透明度相差很大，故不同位点采样水深不尽相同。2、3、4 号点采样水深分别为 0.5m、3.5m 和 9m；从表 3-9 可知随水深增加，浮游植物密度下降，但在 9m 处浮游植物密度仍较高，约为 0.5m 处的 78%，说明这几处补偿深度较大。1 号点采样水深为 0.5m、2.5m 和 5m，其 0.5m 水深处浮游植物密度为 103.70×10^4 ind/L，与 2.5m 处浮游植物密度（102.52×10^4 ind/L）相差不大，但 5m 处密度急剧下降，仅为 0.5m 处的 20%。1 号点平均透明度为 2.18m，这说明在 5m 水深处光照条件已经很差，接近补偿深度。

表 3-9　邛海浮游植物密度的垂直变化　　　　　　　　（单位：10^4ind/L）

水深	甲藻	绿藻	硅藻	裸藻	隐藻	金藻	蓝藻	合计
0.5m	0.80	44.88	24.08	2.44	30.51	1.44	1.78	105.94
1.5m	2.51	65.82	36.72	4.66	24.44	1.41	6.97	142.53
2.5m	1.51	47.65	13.35	0.99	34.77	2.65	1.61	102.52
3.5m	0.79	32.81	16.22	2.36	20.31	1.31	7.88	81.69
5m	0.14	12.37	4.54	0.30	2.66	0.32	0.80	21.11
9m	0.51	32.21	17.43	2.00	16.16	0.54	8.41	77.25

5 号点采样水深为 0.5m 和 1.5m，在 1.5m 处浮游植物密度平均值高于 0.5m 处（表 3-10）。但不同季节 2 个水层浮游变化趋势相差较大：如 2015 年 12 月和 2017 年 3 月 0.5m 处浮游植物密度高于 1.5m 处，2016 年 6 月和 9 月则相反，2016 年 3 月相近。出现这种现象的原因还需进一步研究。

表 3-10　邛海 5 号点浮游植物密度的垂直变化　　　　　　（单位：10^4ind/L）

水深	2015.12	2016.03	2016.06	2016.09	2017.03	平均值
0.5m	39.54	215.46	149.34	8.625	170.24	116.641
1.5m	12.12	214.89	210.71	127.68	147.25	142.53

邛海各类浮游植物数量比例随水深的变化见图 3-9：不同水层均以绿藻数量最多，0.5m、3.5m 和 9m 的绿藻、硅藻和隐藻数量均较接近，三类浮游植物的数量接近或超过浮游植物总量的 90%，但蓝藻数量有随水深增加的趋势，出现这种反常现象的原因也需以后进行深入研究。

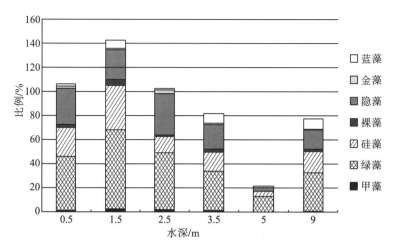

图 3-10　邛海各类浮游植物数量比例的垂直变化

邛海浮游植物密度的垂直变化见表 3-11。从表 3-11 可知邛海浮游植物生物量的垂直变化趋势与密度的变化趋势相同：在 0.5m、3.5m 和 9m 的深度浮游植物生物量随水深增加而降低，但在 9m 处生物量仍较高，约为 0.5m 处的 68%。1 号点处 0.5m 处浮游植物密度与 2.5m 处接近，但生物量（0.5930mg/L）只有 2.5m 处浮游植物生物量的 1/2，这可能与不同水层藻类种类组成差异有关，而 5m 处浮游植物密度急剧下降到 0.5m 处的 16.8%。

表 3-11　邛海浮游植物生物量的垂直变化　　　　　　　　　　（单位：mg/L）

水深	甲藻	绿藻	硅藻	裸藻	隐藻	金藻	蓝藻	合计
0.5m	0.1095	0.2430	0.0681	0.0469	0.2149	0.0092	0.0308	0.7225
1.5m	0.2266	0.0837	0.1515	0.0870	0.3767	0.0095	0.0369	0.9720
2.5m	0.1384	0.1424	0.0553	0.0632	0.5712	0.0185	0.0448	1.0338
3.5m	0.0693	0.1925	0.0582	0.0328	0.1975	0.0037	0.0239	0.5779
5m	0.0120	0.0298	0.0196	0.0188	0.0390	0.0015	0.0009	0.1214
9m	0.0439	0.2086	0.0652	0.0112	0.1321	0.0067	0.0257	0.4935

3.1.4　浮游动物群落结构特点

3.1.4.1　种类组成

邛海共发现浮游动物 110 种，分属原生动物、轮虫、枝角类和桡足类 69 属（见表 3-12，图 3-11，附录 3，附录 14）。此外，邛海中桡足类无节幼体较多，但因分类特征不明显未作种类鉴别。

表 3-12　邛海浮游动物种属组成

	原生动物		轮虫		枝角类		桡足类		合计	
	属	种	属	种	属	种	属	种	属	种
2015.12	11	19	8	10	6	10	3	4	28	43
2016.03	5	5	7	7	5	10	4	4	21	26
2016.06	6	10	8	12	8	23	9	16	31	61
2016.09	4	5	6	8	4	10	7	8	21	31
2017.03	2	2	6	9	7	12	17	20	32	43
合计	20	29	14	23	14	33	21	25	69	110

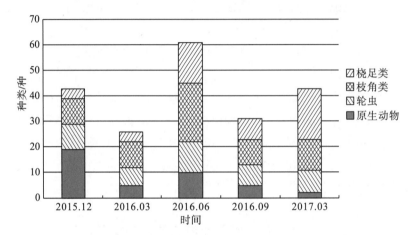

图 3-11　邛海各类浮游动物种类数量的季节变化

从表 3-12 可知，邛海浮游动物中以枝角类种类最多，为 33 种，其次是原生动物，二者分别占总数的 30% 和 26.36%，桡足类和轮虫种类也较多。

邛海不同季节浮游动物种类组成差异较大：2016 年 3 月种类最少，仅 26 种；2016 年 6 月种类最多，为 61 种。轮虫种类数在不同季节相差不大；枝角类除 2016 年 6 月种类特别多（23 种）外，其余几个季节均很接近；原生动物和桡足类在不同季节种类数差异很大，但无明显变化规律。

3.1.4.2　季节变化

1. 邛海浮游动物密度的季节变化

邛海浮游动物密度较低，密度为 9.45～81.78 个/L，平均为 39.98 个/L（表 3-13）：其中原生动物为 0.05～8.27 个/L，平均 4.57 个/L，占浮游动物总量的 11.43%；轮虫 2.42～68 个/L，平均 28.12 个/L，占浮游动物总量的 70.34%；枝角类 0.66～2.36 个/L；平均 1.60 个，占 4.01%；桡足类 0.98～5.47 个/L，平均 2.18 个/L，占 5.46%；桡足类无节幼体 2.10～

6.69 个/L，平均 3.50 个/L，占 8.75%。邛海各类浮游动物数量比例由高到低依次是：轮虫（70.34%）>原生动物（11.43%）>桡足类无节幼体（8.75%）>桡足类（5.46%）>枝角类（4.01%）。

表 3-13　邛海浮游动物密度的季节变化

（单位：个/L）

	原生动物	轮虫	枝角类	桡足类无节幼体	桡足类	合计
2015.12	5.40	18.07	0.66	2.10	0.98	27.21
2016.03	7.68	68	1.66	2.92	1.52	81.78
2016.06	8.27	45.87	1.88	6.69	5.47	68.17
2016.09	1.44	6.22	1.46	2.35	1.79	13.27
2017.03	0.05	2.42	2.36	3.46	1.153	9.45
均值	4.57	28.12	1.60	3.50	2.18	39.98

　　邛海各类浮游动物密度在不同季节表现出了不同的变化规律（图 3-12）。轮虫密度在不同季节变化很大，2016 年 3 月密度最高达 68 个/L，为 2017 年 3 月（2.42 个/L）的 28 倍，这说明轮虫密度易受水温、饵料等各种条件变化，但具体变化规律及主要影响因素还需进一步研究。原生动物、枝角类、桡足类和桡足类无节幼体在不同季节密度均很低，均未超过 10 个/L；特别是枝角类密度变幅小，说明邛海枝角类密度相对较稳定。

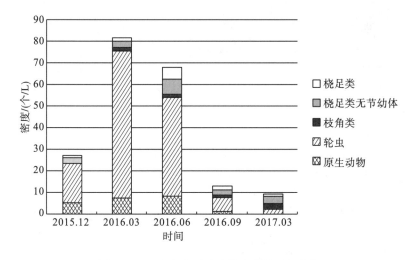

图 3-12　邛海各类浮游动物密度的季节变化

3. 邛海浮游动物生物量的季节变化

　　邛海浮游动物生物量为 0.4170～1.9054mg/L，平均为 1.0093mg/L（表 3-14）。其中原生动物在各季生物量均最低，为 0～0.0054mg/L，原因是原生动物密度较低，且个体微小。轮虫生物量不同季节生物量变化较大，为 0.0332～1.3169mg/L，平均为

0.4324mg/L，占浮游动物生物量的42.84%。枝角类生物量在各季节比较稳定，为0.1260～0.2682mg/L，平均为0.1941mg/L，占19.23%。桡足类生物量在不同季节变化很大，最低仅为0.0968mg/L，最高达0.7697mg/L，平均为0.3550mg/L，占35.17%。桡足类无节幼体生物量为0.0068～0.0566mg/L，平均为0.0266mg/L，占2.64%。邛海各类浮游动物生物量比例由高到低依次是：轮虫（42.84%）>桡足类（35.17%）>枝角类（19.23%）>桡足类无节幼体（2.64%）>原生动物（0.12%）。各类浮游动物生物量比例与数量比例不一致，如：轮虫数量占浮游动物总量的70.34%，生物只占42.84%；桡足类和枝角类数量比例分别为5.46%和4.01%，但生物量比例却高达35.17%和19.23%。出现这种现象的主要原因是各类浮游动物大小差异较大，总体来说原生动物、轮虫和桡足类无节幼体个体小，而枝角类和桡足类个体较大。

邛海各类浮游动物生物量的季节变化见图3-13。轮虫生物量在不同季节变化很大，2016年3月生物量高达1.3169mg/L，为2016年9月（0.0332mg/L）的39.67倍，2016年9月和2017年3月轮虫生物量均处于较低水平。本研究中未发现轮虫生物量明显的季节变化规律，但从图3-13可看出，除2016年3月轮虫生物量特别高外，其余季节均低于0.5mg/L。轮虫生物量与季节的关系还需进行进一步的研究。枝角类的生物量在各个季节变幅不大。桡足类和桡足类无节幼体生物量均有随水温升高而升高的趋势，在2016年6月达到峰值，然后下降。

表3-14　邛海浮游动物生物量的季节变化

（单位：mg/L）

	原生动物	轮虫	枝角类	桡足类无节幼体	桡足类	合计
2015.12	0.0005	0.3877	0.1260	0.0068	0.2401	0.7611
2016.03	0.00004	1.3169	0.2682	0.0259	0.2944	1.9054
2016.06	0.0054	0.3903	0.1441	0.0566	0.7697	1.3661
2016.09	0.00006	0.0332	0.1716	0.0180	0.3741	0.5970
2017.03	0	0.0338	0.2608	0.0256	0.0968	0.4170
均值	0.0012	0.4324	0.1941	0.0266	0.3550	1.0093

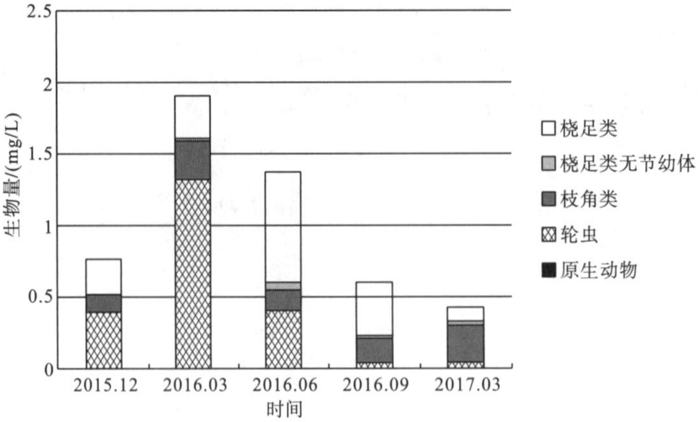

图3-13　邛海各类浮游动物生物量的季节变化

3.1.4.3　水平分布变化

邛海各点浮游动物密度为 27.29～67.90 个/L，浮游动物密度由低到高依次是：2 号点 <1 号点< 3 号点< 4 号点< 5 号点。其中 5 号点密度最高约为 2 号点的 2.5 倍。

各点浮游动物种类组成不尽相同(表 3-15)。1～4 号点原生动物密度十分接近(4.55～6.56 个/L)，但在 5 号点却明显低于 1～4 号点及平均水平。1、2 号点的各类浮游动物密度均相差无几。5 号点浮游动物组成明显异于其余几处，轮虫密度远远高于其余几处和全湖平均水平，原生动物、枝角类和桡足类密度则低于其余几处和全湖平均水平。

表 3-15　邛海各类浮游动物密度的水平变化　　　　　　　　　　(单位：个/L)

	原生动物	轮虫	枝角类	桡足无节幼体	桡足类	合计
1 号点	4.67	17.63	0.98	2.87	1.78	27.92
2 号点	4.55	17.37	0.79	2.76	1.82	27.29
3 号点	5.75	19.21	2.71	3.22	2.81	34.24
4 号点	6.56	24.83	2.88	5.83	3.79	43.89
5 号点	1.60	61.78	0.67	3.07	0.77	67.89
平均	4.63	28.16	1.61	3.55	2.19	40.25

由表 3-16 可知，邛海各点浮游动物生物量为 0.6606～1.3377mg/L，生物量由低到高依次是：2 号点< 1 号点< 3 号点< 5 号点<4 号点。其中 3～5 号浮游动物密度相差较大，但生物量却十分接近，原因是在 5 号点轮虫数量较多，但轮虫个体相对较小。5 号点环境较特殊：水浅、水体较浑浊、透明度低，这可能在某种程度上影响了浮游动物的种类组成。

表 3-16　邛海浮游动物生物量的水平变化　　　　　　　　　　(单位：mg/L)

	原生动物	轮虫	枝角类	桡足类无节幼体	桡足类	合计
1 号点	0.0001	0.2210	0.1488	0.0180	0.3854	0.7732
2 号点	0.0001	0.1659	0.1743	0.0180	0.3022	0.6606
3 号点	0.0039	0.4089	0.2877	0.0459	0.4617	1.2083
4 号点	0.0000	0.4213	0.2659	0.0361	0.6143	1.3377
5 号点	0.0018	1.0165	0.0668	0.0166	0.1435	1.2451
平均	0.0012	0.4467	0.1887	0.0269	0.3814	1.0450

如果只统计 1～4 号点各类浮游动物的组成，则生物量比例由高到低依次为"桡足类(44.31%)>轮虫 (30.58%)>枝角类 (22.03%)>桡足类无节幼体 (2.96%)>原生动物(0.10%)"，即邛海浮游动物生物量组成以桡足类为主，其次是轮虫和枝角类。这个结论与前文中结论不完全一致[轮虫 (42.84%)>桡足类 (35.17%)>枝角类 (19.23%)>桡足类无节

幼体(2.64%)>原生动物(0.12%)]。

3.1.4.4　垂直分布变化

邛海浮游动物密度的垂直变化见表 3-17 和图 3-14。由于不同位点水深和透明度相差很大，故不同位点采样水深不尽相同。2~4 号点采样水深分别为 0.5m、3.5m 和 9m，从表 3-17 可知随水深增加，浮游动物密度变化不大，在 9m 处浮游动物密度和 0.5m 处接近，且各类浮游动物密度变化与水深无明显关系。1 号点采样水深为 0.5m、2.5m 和 5m，从表 3-17 和图 3-14 可知在 1 号点浮游动物密度随水深增加而降低，在 5m 处的密度仅为 0.5m 处的 43.60%，造成这种现象的原因可能是在 1 号点 5m 处浮游植物生物量低，饵料相对较少。

表 3-17　邛海浮游动物密度的垂直分布变化　　　　　　　　(单位：个/L)

水深	原生动物	轮虫	枝角类	桡足类无节幼体	桡足类	合计
0.5m	6.18	26.43	0.67	3.10	1.62	38.00
1.5m	1.60	93.64	0.86	3.49	1.03	100.62
2.5m	4.40	9.60	1.45	2.89	2.14	20.47
3.5m	4.55	17.59	2.88	4.68	3.17	32.86
5m	1.60	7.68	1.25	3.63	2.42	16.58
9m	5.20	21.56	2.45	4.02	2.94	36.18

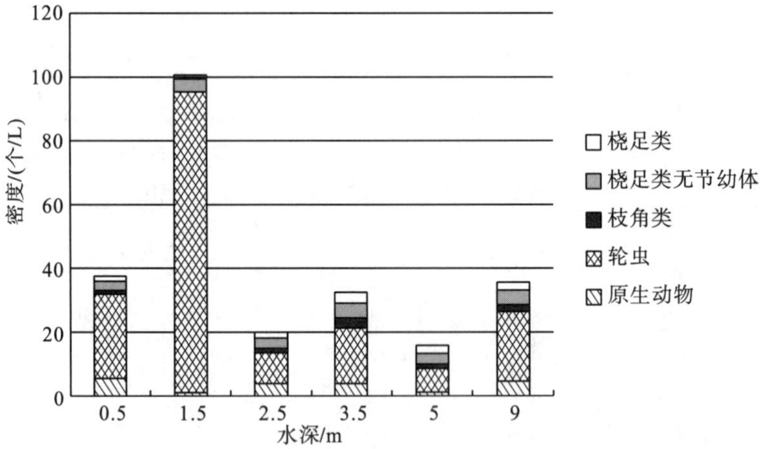

图 3-14　邛海各类浮游动物密度的垂直变化

5 号点采样水深为 0.5m 和 1.5m，其浮游动物密度见表 3-18。1.5m 处浮游动物平均密度为 100.62 个/L，约为 0.5m 处密度(35.16 个/L)的 3 倍。轮虫的密度表现出明显垂直分布差异，1.5m 处密度远高于 0.5m 处；其余几类浮游动物的数量均较低，1.5m 处密度约为 0.5m 处的 2 倍；原生动物垂直分布无差异。

表 3-18 邛海 5 号点浮游动物密度的垂直分布变化 (单位：个/L)

水深	原生动物	轮虫	枝角类	桡足类无节幼体	桡足类	合计
0.5m	1.60	29.92	0.47	2.66	0.51	35.16
1.5m	1.60	93.64	0.86	3.49	1.03	100.62

邛海浮游动物生物量的垂直变化见表 3-19。2～4 号点浮游动物生物量随水深先增加后降低，在 9m 处浮游动物生物量高于 0.5m 处。这种垂直变化规律与浮游植物不尽相同，说明浮游动物分布水深大于浮游植物。1 号点采样水深为 0.5m、2.5m 和 5m，浮游动物生物量随水深增加先降低，后增加，在 5m 处生物量高于 0.5m 处。

表 3-19 邛海浮游动物生物量的垂直分布变化 (单位：mg/L)

水深	原生动物	轮虫	枝角类	桡足类无节幼体	桡足类	合计
0.5m	0.0024	0.3881	0.0853	0.0192	0.2287	0.7237
1.5m	0.0024	1.5926	0.0773	0.0175	0.1734	1.8633
2.5m	0.0002	0.0319	0.1848	0.0195	0.3618	0.5982
3.5m	0.0001	0.3390	0.3150	0.0511	0.5785	1.2837
5m	0.0000	0.0273	0.1696	0.0222	0.6116	0.8307
9m	0.0001	0.2969	0.2540	0.0369	0.4378	1.0256

5 号点浮游动物生物量垂直变化见表 3-20，可知 1.5m 处平均生物量为 1.8633mg/L，约为 0.5m 处（0.6269mg/L）的 3 倍，与密度的垂直分布规律基本一致。

表 3-20 邛海 5 号点浮游动物生物量的垂直分布变化 (单位：mg/L)

水深	原生动物	轮虫	枝角类	桡足类无节幼体	桡足类	合计
0.5m	0.0012	0.4403	0.0562	0.0156	0.1135	0.6269
1.5m	0.0024	1.5926	0.0773	0.0175	0.1734	1.8633

3.2 水生维管束植物调查及其空间分布

3.2.1 调查内容和方法

3.2.1.1 调查内容

开展邛海水生维管束植物的种类及其空间分布的调查。

3.2.1.2　调查方法

1）监测点位

水生维管束植物主要分布在湖泊的北面、西面和南面，东面由于地势较陡，砂石较多，水生维管植物分布较少。邛海水生维管束植物采样布点见图3-15。

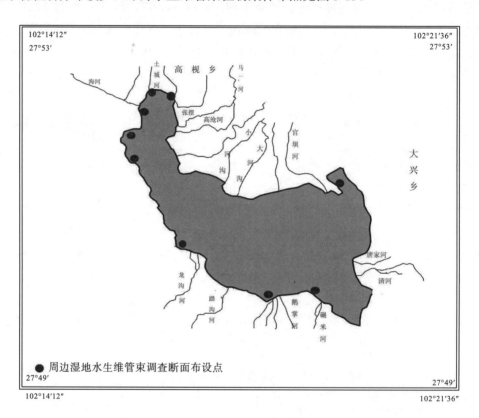

图3-15　邛海湿地水生维管束植物采样布点图

2）调查时段及频次

2015年冬季、2016年夏季、2016年冬季各调查一次。

3）样点布置和方法

邛海湖面设点：根据邛海形态、水文、植物分布、景点等设立采样点。

邛海湖周近岸调查点：除采用断面样方调查外，另增加环湖采集路线，调查水生植物的群落类型与物种组成，估算其分布面积，以及了解邛海周边湿地水生维管束植物情况。

3.2.2　种类组成

根据调查结果，统计出邛海维管植物共计95科204属274种。其中蕨类植物5科5

属 7 种，裸子植物 5 科 6 属 7 种，被子植物 85 科 193 属 260 种 (表 3-21)，被子植物在本调查区域植物种类中占绝对优势 (张宇和杨红，2009；杨红等，2009)。

表 3-21　邛海维管植物类群统计

	科数	比例/%	属数	比例/%	种数	比例/%
蕨类植物 (Pteridophyta)	5	5.26	5	2.45	7	2.55
裸子植物 (Gymnospermae)	5	5.26	6	2.94	7	2.55
被子植物 (Angiospermae)	85	89.48	193	94.61	260	94.90
合计	95	100	204	100	274	100

邛海水生维管束植物名录、图片、水生维管束植物生活型图片见附录 4、附录 5、附录 15、附录 16。

由表 3-22 可见，邛海的种子植物与全国、四川的科、属、种的比较，其中，种子植物 90 科，占全国科总数的 29.80%，占四川科总数的 47.12%；199 属，占全国属总数的 6.70%，占四川属总数的 13.25%；267 种，占全国种总数的 1.09%，占四川种总数的 3.12%。由此可见，邛海拥有较丰富的植物种类，并具有自己的特点。

表 3-22　邛海种子植物与全国、四川的科属种的比较

种类	邛海			全国			四川		
	科	属	种	科	属	种	科	属	种
裸子植物 (Gymnospermae)	5	6	7	10	34	238	9	28	100
被子植物 (Angiospermae)	85	193	260	292	2940	24300	182	1474	8453
合计	90	199	267	302	2974	24538	191	1502	8553

3.2.3　空间分布

邛海水生维管束植物的最大分布深度为 3m，位于邛海南部岗窑沿岸的局部湖湾；最小分布深度为 1.2m，位于其北岸官坝河入湖口两侧。

(1) 北片区：从跑马场至唐家湾段，全长约 9.5 km 左右的湖岸，主要分布在 1.2～2m 深的水域，面积约 1.22km²。水生维管束植物群落主要有芦苇群落、茭白群落、菱角群落、莲群落、狐尾藻群落、马来眼子菜群落、苦草群落和水鳖群落 8 个群落类型。

通过 GPS 测算，海河段湿地公园一段水生维管束植物群落面积约为 0.43km²。选取这一段的优势植物菱角，分别测得 10 个点位的生物量后得到平均值，由此得出菱角生物量为 7.2kg/m² (鲜重)。

通过 GPS 测算，唐家湾段水生维管束植物群落面积约为 0.26km²。选取这一段的优势植物苦草，分别测得 10 个点位的生物量后得到平均值，由此得出苦草生物量为 0.8kg/m² (鲜重)。近水岸 200m 内的优势种为荷、芦苇、藿香蓟、破坏草。

另外,水鳖是最近几年邛海新出现的物种,通过测得 10 个点位的生物量后得到平均值,由此得出水鳖生物量为 0.4kg/m^2(鲜重)。

(2)西片区:范围从邛海公园至西昌邛海二水厂段,全长约 2km 的湖岸,主要分布在 2m 深的水域,面积约 0.28km^2。该片区的水生植物群落主要为菱角群落、荇菜群落、睡莲群落、轮叶黑藻群落等 4 个群落类型。近水岸 200m 内的植物为藿香蓟、破坏草、风车草、芦苇等。

通过 GPS 测算,二水厂一段水生维管束植物群落面积约为 0.0029km^2。柏乐酒店附近优势植物为轮叶黑藻,分别测得 10 个点位的生物量后得到平均值,由此得出轮叶黑藻生物量为 10.8kg/m^2(鲜重)。

(3)南片区:范围从观海湾至杨家院至鹅掌河段,全长约 3.1km 的湖岸,主要分布在 1~3m 深的水域内,面积约 0.34km^2。该片区的水生植物群落主要为芦苇群落、茭白群落、莲群落、菱角群落、野菱群落、荇菜群落、水葫芦群落、空心莲子草群落、苦草群落、金鱼藻群落、狐尾藻群落、黑藻群落等 12 个群落类型。邛海湾近水岸 200m 内的优势种为风车草,芦苇。杨家院近水岸 200m 内的优势种为荷、芦苇、藿香蓟、破坏草。

通过 GPS 测算,鹅掌河一段水生维管束植物群落面积约为 0.012km^2。优势植物为荇菜,分别测得 10 个点位的生物量后得到平均值,由此得出荇菜生物量为 0.71kg/m^2(鲜重)。

在湖湾部分除主要分布芦苇群落、茭白群落、类芦群落、莲群落外,还常分布着水蓼群落、凤眼莲群落、大薸群落、水花生群落类型,其中,凤眼莲群落、水花生群落等群落类型是典型的生态入侵物种,但研究认为要特别警惕大薸群落对湖面的威胁。

在整个邛海湖泊中,水生维管束植物分布面积总共约 2.8km^2,主要包括莲群落、芦苇群落、茭白群落、野菱群落、荇菜群落、二角菱群落、凤眼莲群落、狐尾藻群落、金鱼藻群落、马来眼子菜群落、浮萍群落、空心莲子草群落、睡莲群落、水蓼群落、大薸群落、黄花水龙群落等 16 种群落类型。

邛海主要水生植物群落概述如下。

1. 莲群落

莲群落(见附图 16-1)在邛海湖湾浅水区零星分布,野生或人工种植,常伴生有丁香蓼、菖蒲、凤眼莲等植物。高枧乡、海南乡大面积种植,有上千亩的规模。这些人工种植群落下部常伴生有满江红、浮萍等漂浮植物,局部还伴生有慈姑和野慈姑等植物。该类群落具有良好的景观价值,现阶段在邛海湖盆区湿地大面积人工种植,对改善邛海的旅游环境具有良好的作用。

2. 芦苇群落

芦苇群落(见附图 16-2)零星分布于湖岸、河口和湖湾等常年或季节性积水地段,由于水分状况不同。芦苇长势和植物组成有差异。就目前状况来看,邛海湖盆区湿地面积最大的芦苇群落分布在海河口和邛海东岸小渔村附近地区,其余湖岸有零星残余分布。因水分状况不同,该类群落有的以芦苇为优势种,形成纯群落(小渔村附近),有的在群落下部伴生有水蓼、茭草等植物。芦苇群落对水环境中的污染物有较高的去除效果。这一去除过程包括物理过滤、吸附、生物氧化等十分复杂的过程。对污染物兼有土壤截留、物理化学吸附、化学分解、沉淀及微生物的氧化降解等,研究资料表明,芦苇对污染物的去除率:COD 达 32.8%;BOD 达 57.8%;苯酚达 35.6%;悬浮物达 40.2%,总磷达 37.2%。此外,芦苇可以保土固堤、苇秆造纸和人造丝编织席、帘,嫩茎叶为优良饲料。大片种植的芦苇群落还具有独特的景观效果,可美化环境。

3. 茭白群落

茭白群落(见附图 16-3)零星分布于水深为 30~50cm 的浅水湖岸、湖湾和河口地带,是目前邛海湖盆区湿地残存面积最大的挺水植物群落。茭白为群落的单优势种,高度为 1.5~2.0m,盖度 90%左右。下层常伴生有少数水蓼、丁香蓼、空心莲子草、凤眼莲等。在向湖心一侧分布有荇菜和野菱以及漂浮植物浮萍。水中有沉水植物狐尾藻、菹草等。该类植物群落是邛海独特的具有经济价值的挺水植物群落,且群落群像秀丽,清新宜人,具有较好的景观价值。茭白适应能力强,抗逆性大,为本土优势物种。并且茭白生长量大,对 N 和 P、K 的吸收都比较丰富,高吉喜等(1997)的研究发现,茭白和慈姑对水环境污染物的综合净化能力是最高的。

4. 野菱群落

野菱属菱科菱属(见附图 16-4),是国家二级重点保护野生植物。该群落在邛海多数的浅水湖湾均有分布,是邛海原生的植物群落。群落中,除野菱外,常伴生有金鱼草、菹草、浮萍等植物。一直以来,邛海周边的民众除使用菱角外,还捞取植物体做饲料,近年餐馆中更兴起取其幼嫩茎叶做野菜食用的风潮。近年来,出于经济目的,大量引入和栽培二角菱,这一强势植物,对野菱的生长区域造成了较大的冲击,大有取代该物种的趋势。这些活动对野菱资源和生长环境破坏严重,致使其分布量已大大减少。

5. 荇菜群落

荇菜群落(见附图 16-5)分布于湖水比较平静的湖湾,多见于岗窑大沟附近和海南乡的部分湖湾。湖水中常伴生有沉水植物狐尾藻和眼子菜等。该群落量小,植物漂浮于水面上,具有一定的景观价值。

6. 二角菱群落

二角菱(见附图 16-6)是基于经济目的人工引进的一个物种,该群落分布范围与野菱群落类似。常形成单优群落或者和野菱混生，生长强势，对野菱的生长有强烈的竞争优势。

7. 凤眼莲群落

现阶段凤眼莲群落(见附图 16-7)在邛海主要分布在部分湖湾内侧、池塘和一些水沟等水体，生长量不大。但值得注意的是，该植物是国家公布的恶性外来入侵植物之一，繁殖能力极强，其大量繁殖后，对其生活的水面采取野蛮的封锁策略，挡住阳光，导致水下植物得不到足够光照而死亡。破坏水下动物的食物链，导致水生动物死亡，凤眼莲虽然具有富集重金属的能力，但死后腐烂体沉入水底形成重金属高含量层，直接杀伤底栖生物。邛海湖区、湖岸和湿地的其他区域应严格控制该植物群落的生长。

8. 狐尾藻群落

狐尾藻群落(见附图 16-8)零星分于邛海水深 2m 左右的湖滨浅水带。狐尾藻叶片四枚轮生，丝状全裂，花期穗状花序伸出水面，伴生植物有马来眼子菜、菹草、金鱼藻和茨藻等，是邛海原生沉水植物群落，是具有观赏价值的水生花卉，除保护和恢复该类群落生境外，还可以大力发展。

9. 金鱼藻群落

金鱼藻群落(见附图 16-9)零星分布于邛海水深 1~2m 的湖滨浅水带，常与马来眼子菜、菹草、狐尾藻等伴生。金鱼藻群落也是邛海的原生群落，群落外观秀美，观赏价值高，并且金鱼藻去除总氮[371.43μg/(d·g 鲜重)]和总溶解态磷[42.02μg/(d·g 鲜重)]的效率高。

10. 马来眼子菜群落

马来眼子菜群落(见附图 16-10)零星分布于邛海水深 1~2m 清澈的浅水带中，马来眼子菜叶片薄、膜质、呈披针形，边缘呈波状，适于水的流动性。马来眼子菜也具有较强的去除水体中氮素的能力[去除总氮 362.62μg/(d·g 鲜重)]。但近年来由于水土流失，泥沙淤积，该群落的生境受到较大破坏，分布范围严重缩小。

11. 浮萍群落

浮萍群落(见附图 16-11)主要分布于水面平静的小洼地、池塘等水域，常分布于芦苇群落、莲群落、茭草群落植株间的水面，常随水飘动。为小型漂浮植物群落。

12. 空心莲子草群落

空心莲子草群落(见附图 16-12)主要分布在邛海的湖湾、浅滩、滩涂、农田等浅水潮湿地带，常形成单优群落。伴生植物常有莲、凤眼莲等植物。空心莲子草是国家公布的恶性生态入侵物种，其防除极为困难。

13. 睡莲群落

睡莲(见附图 16-13)对水质要求高,是水环境污染指示植物。该群落分布于观鸟岛湿地公园、核桃村对应路段湿地区域等。睡莲群落对污染物的去除效率比较高,尤其对净化水体中的总磷、总氮有明显的作用,景观价值高,是人工湿地优选植物之一。

14. 水蓼群落

水蓼(见附图 16-14)是一种蓼科植物,也称辣蓼。生湿地、水边或水中。我国大部分地区有分布。邛海内的水蓼主要存在于海河口。水蓼具有治风湿、脚气、跌打损伤等药用功效。

15. 大藻群落

大藻(见附图 16-15)属于外来物种,原产地巴西,繁殖力很强。在平静的淡水湖泊、水库、沟渠中极易繁殖,大面积聚集水面时,会堵塞航道,影响水产养殖,导致沉水植物死亡,危害水生生态系统。现阶段,大藻主要位于邛海,主要分布在部分湖湾内侧、池塘和一些水沟等水体,生长量不大。鉴于其危害性,邛海湖区、湖岸和湿地的其他区域应严格控制该植物群落的生长。

16. 黄花水龙群落

黄花水龙(见附图 16-16)是生长在浅水区域的多年生浮叶植物,主要分布在邛海部分湖湾内侧的湿地,杨家院附近较多生长。黄花水龙生长快速,可作为水池绿化植物。对富营养化水体中氮磷去除效果显著,可作为河网富营养化水体修复的植物之一。

3.3 底栖动物调查和组成状况

3.3.1 调查内容和方法

3.3.1.1 调查内容

对邛海底栖动物定性和定量监测,调查其种类组成、数量、优势种、密度,给出生物多样性指数、空间分布特征。

3.3.1.2 调查方法

1. 监测点位

在邛海东、南、西、北向采样,共 6 个监测地点(图 3-16):1 号(唐家湾)、2 号(青龙滩)、3 号(邛海中央)、4 号(海南乡)、5 号(湿地)、6 号(官坝河入海口)。

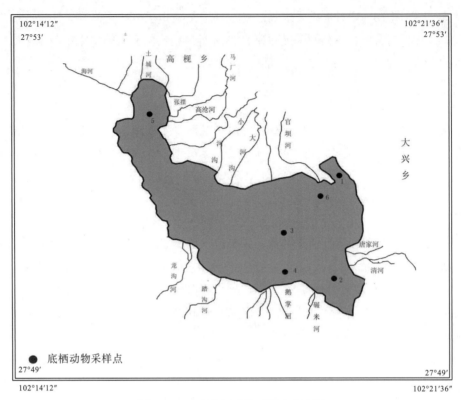

图 3-16 邛海底栖动物采样点分布图

2. 调查方法

采样点用盒式采泥器采集,采得的泥样,先倒入 40 目的铜丝分样筛中,然后将筛底放在水中轻轻摇荡,洗去样品中的污泥,取出各类泥沙中的底栖动物,置于标本瓶中并贴上标签(写明地点、编号、日期),用 5%甲醛溶液固定样品,然后带回实验室置于解剖镜或显微镜下进行种类鉴定和分类计数。软体动物和水栖寡毛类参考有关文献、资料鉴定到种,摇蚊科幼虫鉴定到属,水生昆虫等鉴定到科。把每个采样点所采到的底栖动物按不同种类准确地统计个体数,根据采样器的开口面积推算出 $1m^2$ 的数量。

还可在沿岸带不同生境中,用抄网捞取一些定性样品。

3.3.2 组成状况

邛海底栖动物 6 个采样点环境情况见表 3-23。

表 3-23　邛海底栖动物采样点（部分月）环境信息

采样点	月份	水深/cm	水温/℃	底质 pH	底质	底质颜色	透明度/m
1 号唐家湾	12	600	14.5	6.5	泥沙	褐色	2.4
	9	530	17.3	6.5	泥沙	褐色	2.1
2 号青龙滩	12	1470	14.5	6.5	淤泥	黑色	3.4
	9	1500	17	6.5	淤泥	黑色	5.4
3 号邛海中央	12	1870	13.5	6.5	淤泥	黑色	3.5
	9	1800	16.5	6.5	淤泥	黑色	3.5
4 号海南乡	12	400	14	6.5	黏土	黄褐色	3.2
	9	420	17.5	6.5	黏土	黄褐色	3.2
5 号湿地	12	220	14	6.5	黏土	黄褐色	1.4
	9	240	20	6.5	黏土	黄褐色	1.6
6 号官坝河入海口	12	450	14.5	6.5	泥沙	红褐色	3
	9	310	18.5	6.5	泥沙	红褐色	3

　　通过采样和沿岸抄网捞取观察分析，邛海底栖动物中：①环节动物门水生寡毛纲有 3 属 3 种，以霍甫水丝蚓为优势种；环带纲仙女虫科 3 属，以仙女虫属为主；②软体动物门腹足纲 5 属 6 种；双壳纲 2 属 4 种；③节肢动物门摇蚊科 1 科 6 属，以摇蚊属为主；甲壳纲 2 科 3 种；其他 6 科 6 种。邛海底栖动物组成及空间分布见表 3-24。邛海底栖动物种类、调查记录表、部分底栖动物图谱见附录 6、附录 7、附录 17。

表 3-24　邛海底栖动物名录及空间分布表

	物种	纲，科，属	拉丁文名	分布点位
环节动物门	霍甫水丝蚓	寡毛纲，水丝蚓属	*Limnodrilus hoffmeisteri*	1、2、3、4、5、6
	正颤蚓	寡毛纲，颤蚓属	*Tubifex tubifex*	1、3、4、5、6
	苏氏尾鳃蚓	寡毛纲，尾鳃蚓属	*Branchiura sowerbyi*	4
	仙女虫一种	环带纲，仙女虫科仙女虫属	*Nais* sp.	1、3、4、5、6
	杆吻虫一种	环带纲，仙女虫科杆吻虫属	*Stytaria* sp.	1、3、4、6
	尾盘虫一种	环带纲，仙女虫科尾盘虫属	*Dreo* sp.	1、2、4、6
软体动物门	方形环棱螺	腹足纲，环棱螺属	*Bellamya quadrata*	1、5
	梨形环棱螺	腹足纲，环棱螺属	*Bellamya purificata*（Heude）	1、4
	中华圆田螺	腹足纲，圆田螺属	*Cipangopaludina cahayensis*	2、3、6
	耳萝卜螺	腹足纲，萝卜螺属	*Radix swinhoei*	1
	半球多脉扁螺	腹足纲，多脉扁螺属	*Gyraulus con*	其他
	福寿螺	腹足纲，瓶螺属	*Pomaceacanaliculata*	其他
	河蚬	双壳纲，蚬属	*Corbicula fluminea*	其他

续表

	物种	纲，科，属	拉丁文名	分布点位
软体动物门	黄蚬	双壳纲，蚬属	*Corbicula aerua* Heude	其他
	背角无齿蚌	双壳纲，无齿蚌属	*Anodonta woodiana*	其他
	椭圆背角无齿蚌	双壳纲，无齿蚌属	*A. W. elliptica*	其他
节肢动物门	摇蚊属	昆虫纲，摇蚊科	Chironomidae	1、2、3、4、5、6
	小突摇蚊属	昆虫纲，摇蚊科	Chironomidae	1、2
	环足摇蚊属	昆虫纲，摇蚊科	Chironomidae	1
	隐摇蚊属	昆虫纲，摇蚊科	Chironomidae	2、6
	前突摇蚊属	昆虫纲，摇蚊科	Chironomidae	2
	内摇蚊属	昆虫纲，摇蚊科	Chironomidae	2、6
	马大头	昆虫纲，蜻蜓科	*Anax parthenope julius* Brauer	1
	水黾	昆虫纲，黾蝽科	*Aquarlus elongatus*	其他
	红娘华	昆虫纲，蝎蝽科	*Nepachinensis* Hoff	其他
	负子虫	昆虫纲，田鳖科	*Sphaerodema rustica* Fabricius	其他
	田鳖	昆虫纲，负子蝽科	*Kirkaldyia deyrollei*	其他
	松藻虫	昆虫纲，仰游蝽科	*backswimmers*	其他
	日本沼虾	甲壳纲，长臂虾科	*Macrobrachium*	其他
	长臂虾	甲壳纲，长臂虾科	*Palaemonidae*	其他
	锯齿溪蟹	甲壳纲，溪蟹科	*Potamon denticulatus*	其他

3.4　鱼类调查和组成状况

3.4.1　调查内容

开展邛海鱼类种类组成、数量调查，以及渔获量、鱼类种群的组成调查。

3.4.2　调查方法

以资料收集为主，辅以实地调查、标本收集。

查阅历史文献(主要为《四川鱼类志》、《中国动物志 硬骨鱼纲 鲇形目》和《中国动物志 硬骨鱼纲 鲤形目(下卷)》等文献资料的记载)(丁瑞华，1994；褚新洛，1999；乐佩琦，2000)，走访西昌市水产渔政部门和西昌市邛海水产有限公司，了解邛海的鱼类历史、组成、数量、引种等变化情况。

与西昌市邛海水产有限公司接洽，随其捕捞队现场调查水产品捕捞情况；收购一定鱼类进行清洗、编号、分类。

鱼类生物学性状测定。收购一定数量不同品种鱼类(具体量根据渔获物量而定，每个种群尽量每次取 50 尾左右样品)，随机取样，鉴定其年龄，然后按年龄组、长度组(体长为吻端至尾鳍基部处、体高为鱼体最高处的垂直距离)、重量组统计尾数，计算年龄组成、长度组成、重量组成百分比。

调查点位为邛海全域。调查频次为 2015 年 12 月、2016 年 5 月采样调查鱼类种群组成。

3.4.3　鱼类组成及数量状况

3.4.3.1　组成

根据调查和资料的综合分析(刘成汉，1964，1988；丁瑞华，1990；彭徐，2007)，邛海共有鱼类 50 种(含亚种)，分别隶属于 6 目 13 科 42 属。其中，鲤科鱼类 26 属 31 种，占 62%；鳅科是 3 属 3 种，占 6%；鮡科 2 属 3 种，占 6%；鲿科 2 属 2 种，占 4%；鰕虎鱼科 1 属 2 种，占 4%；鲃科、青鳉科、合鳃鱼科、鳢科、银鱼科、匙吻鲟科、鲇科、鮈科、平鳍鳅科等 9 科均是 1 属 1 种，共占 18%。在鲤科鱼类有 8 亚科，分别是鱼丹亚科 2 属 2 种，雅罗亚科 3 属 3 种，鲴亚科 2 属 2 种，鲢亚科 2 属 2 种，鳑鲏亚科 1 属 2 种，鲌亚科 5 属 7 种，鮈亚科 3 属 3 科，鲃亚科 4 属 4 种，鲤亚科 2 属 3 科，野鲮亚科 2 属 2 种和腹鱼亚科 1 属 1 种(见附录 16)。

邛海鱼类名录及主要鱼种形态指标测定值见附录 8、附录 9-1、附录 9-2、附录 9-3、附录 9-4。

3.4.3.2　外来鱼类

根据调查和资料的综合分析(彭徐，2007；郑璐，等，2012)，邛海有 19 种为人工引进的鱼类或者随放养鱼带入的品种，分别为青鱼、草鱼、银鲴、鳙鱼、鲢鱼、中华鳑鲏、高体鳑鲏、红鳍原鲌、翘嘴红鲌、鳊鱼、鲂、麦穗鱼、黄颡鱼、棒花鱼、斑点叉尾鮰、子陵栉鰕虎鱼、波氏栉鰕虎鱼、匙吻鲟、太湖银鱼，分别隶属于 6 科 16 属，见表 3-25。

表 3-25　邛海土著鱼类及自然分布

科目	名称	分布情况
(一)鳅科	(1)短尾高原鳅	广泛分布于青藏高原及其毗邻地区的溪流中
	(2)红尾副鳅	分布于长江支流金沙江、南盘江、渭河水系等

续表

科目	名称	分布情况
	(3)泥鳅	分布中国各地
(二)平鳍鳅科	(4)西昌华吸鳅	分布于中国西南的长江上游、珠江上游、中国台湾各水系
(三)鮡科	(5)纹胸鮡	分布于长江中、上游
	(6)青石爬鮡	分布于青海、四川、云南、西藏的金沙江水系
	(7)黄石爬鮡	分布于青海、四川、云南、西藏的金沙江水系
(四)鲤科	(8)宽鳍鱲	分布于黑龙江、黄河、长江、珠江、澜沧江及东部沿海各溪流
	(9)马口鱼	广泛分布于中国从黑龙江至海南岛、元江的东部各河流干、支流
	(10)赤眼鳟	全国各水系均产
	(11)圆吻鲴	中国大陆与台湾北部淡水河、基隆河流域及宜兰各地
	(12)西昌白鱼	分布于金沙江水系、云南西北部、四川邛海
	(13)邛海鲌鱼	四川邛海
	(14)邛海红鲌	四川邛海
	(15)蛇鮈	分布于长江上游及其支流
	(16)中华倒刺鲃	分布极广,从黑龙江向南直至珠江各水系均产此鱼
	(17)白甲鱼	分布于长江上游的干、支流里,中游里也偶尔见之
	(18)鲈鲤	分布于嘉陵江水系、淮河上游、渭河水系、伊河、洛河
	(19)云南光唇鱼	分布于长江上游及其支流
	(20)岩原鲤	分布于长江上游及其支流
(五)鲇科	(21)邛海鲤	分布于长江中上游支流、云南分布于金沙江等
	(22)鲫	分布于西昌邛海湖
	(23)华鲮	分布于全国各地
	(24)墨头鱼	分布于长江上游干流及各大支流中
	(25)昆明裂腹鱼	分布于长江上游、澜沧江及元江水系
	(26)大口鲇	分布于金沙江下游各支流及乌江上游
(六)鲿科	(27)粗唇鮠	分布于长江流域
(七)鮡科	(28)白缘央	长江、珠江、闽江水系及云南程海
(八)青鳉科	(29)中华青鳉	分布于金沙江水系
(九)合鳃鱼科	(30)黄鳝	分布于云南金沙江、南盘江、元江等水系
(十)鳢科	(31)乌鳢	华南、华东地区的常见种

3.4.4　部分鱼类生物学性状测定

此次调查针对邛海最主要的经济鱼类,即鲢鱼、鳙鱼、鲫鱼三种鱼类进行生物学性状测定(W. D. 里克,等,1984;杨景峰等,2002;姜志强,1994;林曙,2006)。测定内容为体重、全长、体长、躯干长、尾长、尾柄长、吻长、头长、体高测定,共计鲢鱼 51 尾、鳙鱼 60 尾、鲫鱼 49 尾。具体测定值见附录 9。

3.4.4.1 鳙鱼生物学性状

邛海鳙鱼可量可比性状结果见表3-26。

表3-26 鳙鱼可量可比性状

项目	平均值	最大值	最小值	标准差
全长/体长	1.20	1.29	1.11	0.03
体长/头长	3.31	3.80	2.90	0.17
体长/躯干长	2.80	3.13	2.54	0.13
体长/尾长	1.87	2.08	1.70	0.09
体长/体高	3.61	4.10	3.10	0.19
体长/尾柄长	4.76	5.53	4.32	0.29
头长/吻长	3.13	3.75	2.78	0.21

鳙鱼头长、躯干长、尾长平均值的比值为3:3.5:5.3，其头长约为体长的1/3，躯干长约为体长的5/14。体长/尾柄长标准偏差为0.29，表明其波动范围最大。全长/鲫鱼可量可比性状标准差为0.03，表明其波动范围最小。

鳙鱼各项形态指标间的关系见表3-27。

表3-27 鳙鱼可量可比性状的拟合方程

项目	$y=ax+b$	R^2	$y=ax^b$	R^2
体长/体重	$y=160.77x-5234$	0.9521	$y=0.0382x^{2.845}$	0.9753
全长/体长	$y=1.0087x+3.1895$	0.9923	$y=1.2957x^{0.9516}$	0.9955
体长/头长	$y=0.258x+2.403$	0.9324	$y=0.4904x^{0.879}$	0.9404
体长/躯干长	$y=0.3689x-0.6274$	0.9486	$y=0.3397x^{1.0124}$	0.9499
体长/尾长	$y=0.5277x+0.4617$	0.9373	$y=0.5212x^{1.0067}$	0.9413
体长/体高	$y=0.277x$	0.9142	$y=0.3435x^{0.9466}$	0.9179
体长/尾柄长	$y=0.2061x+0.262$	0.9134	$y=0.1993x^{1.0136}$	0.9195
头长/吻长	$y=0.3538x-0.5408$	0.9003	$y=0.2257x^{1.1241}$	0.9118

比较表3-27中$y=ax+b$和$y=ax^b$对应的R^2知鳙鱼所有可量可比性状，符合幂指数曲线方程。

3.4.4.2 鲢鱼生物学性状

鲢鱼可量可比性状结果见表3-28。

表 3-28　鲢鱼可量可比性状

项目	平均值	最大值	最小值	标准差
全长/体长	1.20	1.37	1.08	0.06
体长/头长	3.45	4.01	2.94	0.23
体长/躯干长	2.53	2.89	2.29	0.13
体长/尾长	1.96	2.39	1.63	0.16
体长/体高	3.57	3.96	3.24	0.15
体长/尾柄长	5.81	6.37	5.09	0.32
头长/吻长	3.53	4.26	3.30	0.28

由表 3-28 知鲢鱼头长、躯干长、尾长平均值比值为 2.9∶4.0∶5.1，其头长约为体长的 2/7，躯干长为体长的 2/5。体长/尾柄长标准偏差为 0.32，表明其波动范围最大；全长/体长标准偏差为 0.06，表明其波动范围最小。

鲢鱼各项形态指标间的关系见表 3-29。

表 3-29　鲢鱼可量可比性状的拟合方程

项目	$y=ax+b$	R^2	$y=ax^b$	R^2
体长/体重	$y=30.654x-366.68$	0.9383	$y=0.0804x^{2.6704}$	0.9484
全长/体长	$y=0.958x+9.69$	0.8949	$y=2.5495x^{0.796}$	0.8783
体长/头长	$y=0.2907x+0.0289$	0.8219	$y=0.2778x^{1.0123}$	0.8038
体长/躯干长	$y=0.3299x+2.6449$	0.8567	$y=0.7448x^{0.8288}$	0.8427
体长/尾长	$y=0.3374x+7.0162$	0.6728	$y=1.8892x^{0.6466}$	0.6406
体长/体高	$y=0.2682x+0.5036$	0.9178	$y=0.3272x^{0.9584}$	0.9062
体长/尾柄长	$y=0.1437x+1.1598$	0.8514	$y=0.3326x^{0.8224}$	0.8302
头长/吻长	$y=0.2775x+0.0818$	0.8075	$y=0.301x^{0.9761}$	0.7859

比较表 3-29 中 $y=ax+b$ 和 $y=ax^b$ 对应的 R^2 知体长/体重符合幂指数曲线方程 $y=3.3819x^{0.3541}$，其他可量可比性状都符合直线方程。

3.4.4.3　鲫鱼生物学性状

鲫鱼可量可比性状见表 3-30。

表 3-30 鲫鱼可量可比性状

项目	平均值	最大值	最小值	标准差
全长/体长	1.24	1.37	1.10	0.06
体长/头长	3.89	4.41	3.13	0.35
体长/躯干长	2.15	2.59	1.95	0.15
体长/尾长	1.97	2.27	1.67	0.16
体长/体高	2.72	3.01	2.35	0.14
体长/尾柄长	5.42	6.66	4.59	0.55
头长/吻长	3.51	5.77	2.43	0.59

由表 3-30 知鲫鱼头长、躯干长、尾长平均值的比值为 2.6∶4.7∶5.0，其头长约为体长的 1/4，躯干长约为体长的 1/2。躯干长占体长的比例明显高于鲢、鳙鱼。头长/吻长标准偏差为 0.59，表明其波动范围最大；全长/体长标准偏差为 0.06，表明其波动范围最小。

鲫鱼各项形态指标间的关系见表 3-31。

表 3-31 鲫鱼可量可比性状的拟合方程

项目	$y=ax+b$	R^2	$y=ax^b$	R^2
体长/体重	$y=30.654x-366.68$	0.9383	$y=0.0804x^{2.6704}$	0.9484
全长/体长	$y=4.5913x-16.439$	0.9197	$y=1.7398x^{1.2576}$	0.9245
体长/头长	$y=0.2497x+0.3213$	0.5997	$y=0.3097x^{0.948}$	0.6211
体长/躯干长	$y=0.4142x+0.7999$	0.7977	$y=0.5416x^{0.9413}$	0.7963
体长/尾长	$y=0.423x+1.909$	0.6648	$y=0.903x^{0.8144}$	0.6691
体长/体高	$y=0.339x+0.5853$	0.8495	$y=0.4598x^{0.9258}$	0.8484
体长/尾柄长	$y=0.1759x+0.142$	0.6464	$y=0.1759x^{1.0128}$	0.6649
头长/吻长	$y=0.396x-0.485$	0.7497	$y=0.1855x^{1.2912}$	0.7542

比较表 3-31 中 $y=ax+b$ 和 $y=ax^b$ 对应的 R^2 知体长/体重、全长/体长、体长/头长、体长/尾长符合曲线方程，体长/尾长、体长/体高、体长/尾柄长、头长/吻长符合直线方程。

从西昌市邛海三种鱼的体长和体重的幂指数关系曲线可以看出鲢鱼幂指数为 2.6704，鳙鱼幂指数为 2.845，鲫鱼幂指数为 2.6704。上述数据都小于 3，说明邛海里面的鲢、鳙、鲫三种鱼的体型都偏瘦长。

3.5 观赏昆虫调查和组成状况

3.5.1 调查内容和方法

对邛海湿地周边的观赏昆虫进行采样并定性分析，调查研究其种类组成、数量、优势种。

3.5.2   组成状况

在邛海湿地内共发现观赏昆虫 9 目 44 科 91 种。其中，鞘翅目、鳞翅目、直翅目种数均在 20 种以上，为该地区观赏昆虫的优势目，种数合计占总数的 74.7%。蜻蜓目为该地区赏昆虫的常见目，共 13 种，占总数的 14.3%，广翅目、脉翅目、螳螂目、同翅目、半翅目等五目为该地区观赏昆虫的稀有目，合计占总数的 11.0%。在现有的 44 科中，斑腿蝗科、蜻科、蛱蝶科、步甲科、瓢虫科、天牛科、斑翅蝗科为该区观赏昆虫的优势科，种数合计占总数的 41.8%。该地区观赏昆虫单种科较多，合计共 26 科，占总数的 28.6%。通过调查发现邛海湿地观赏昆虫的优势种为中华稻蝗 *Oxy achinensis* (Thunberg)、东亚飞蝗 *Locusta migratoria manilensis* (Meyen)、水黾 *Gerris* sp.、大青叶蝉 *Cicadella viridis*、红蜻 *Crocothemis servilia servil*、白尾灰蜻 *Orthetrum albistylum*、透顶单脉色螅 *Matrona basilaris* (Selys)、菜粉蝶 *Picris rapae*、橙黄豆粉蝶 *Colias fieldii*、柑橘凤蝶 *Papilio bianor*、小红蛱蝶 *Vanessa cardui*、窗萤 *Pyrocoelia* sp.、扁萤 *Lampyrigera* sp. 等，个体数量均占总数的 10% 以上。

邛海湿地观赏昆虫名录见附录 10。

3.6   鸟类调查和组成状况

3.6.1   调查内容和方法

2015 年 8 月、12 月至 2016 年 1 月、3 月、8 月、12 月，我们对邛海湖滨湿地开展了鸟类调查。沿邛海湿地和沿湖岸线 30 个固定样点调查，样点面积 500m×500m，样点间距 1000m 以上。在邛海湿地区选择 5 个 500m×500m 的样方，林地区选择 5 个 500m×500m 的样方。并设置了 5km 固定样线调查。亮海水面区域覆盖整个样方。

采用直接计数法，调查时用 10 倍双筒望远镜和 60 倍单筒望远镜观察鸟类，并用佳能 5D 相机拍照记录鸟类。调查时间为日出后或日落前 2h，一年中分为 3 期调查：12 月至 1 月 (越冬期)、4 月 (迁徙期)、8 月 (繁殖期)。每年每期进行一次调查。

3.6.2   组成状况

邛海鸟类研究，先后有郑作新 (1963)、四川资源动物志编委会 (1980)、李桂垣等 (1984)、崔学振等 (1992)、邓其祥和李海涛 (1993)、李海涛和黄渝 (2009)，他们对邛海鸟类的分类、区系、形态、习性做过研究。1993 年邛海及流域鸟类已知 215 种 (或亚种)。截至 2017 年 3 月邛海湿地的鸟类已达 120 种，见附录 11。

3.7　两爬动物调查和组成状况

3.7.1　两栖动物调查

3.7.1.1　调查方法

2015 年 8 月 12～21 日、2016 年 9 月 16～23 日，在邛海湿地唐家湾、高沧河入海口、小河沟入海口、官坝河入海口、青河入海口、鹅掌河入海口、踏沟河入海口、观鸟岛等湖滨带，在小渔村、海南乡、海门渔村等农田区，在晚上 8 时至 10 时进行采集。

3.7.1.2　调查结果

通过实地调查与查阅相关文献资料，经鉴定分析，共计 9 种，隶属 1 目 5 科 7 属。其中无尾目 5 科 7 属 9 种；优势科是蛙科，分布有 3 属 4 种；蟾蜍科，分布有 1 属 2 种；角蟾科、姬蛙科、雨蛙科各有 1 属 1 种。

3.7.2　爬行动物调查

调查方法同 3.7.1 节

邛海共有爬行动物 2 目 7 科 10 属 12 种；游蛇科是绝对的优势科，有 4 属 5 种；蝰科，有 1 属 2 种；龟科，有 2 属 2 种；壁虎科、蜥蜴科、石龙子科各有 1 属 1 种。物种的生态环境类型主要依据该物种的繁殖地和主要活动区域划分。根据对中国陆栖脊椎动物分布型的划分，12 个物种中，7 种属南中国型，2 种属东洋型，2 种属季风型，1 种属华北型。

4 邛海生物多样性评价

4.1 浮游植物多样性评价

在天然水体中，各种浮游植物的数量能维持相对稳定的关系，若水体发生富营养化，得到充足营养物质的属种将大量繁殖。浮游植物数量增多，导致种类间对水体中的营养物质产生竞争，并分泌一些抑制其他生物生长的物质，从而造成水体中浮游植物生物量增加、种类减少和多样性降低。因此，常用多样性指数来反映不同环境下浮游植物个体分布和水体营养状况，作为判定水体营养状况的依据。为避免单纯使用一种多样性分析方法出现的计算结果偏差，本研究采用 Shannon-Weaver 多样性指数（H'）、Pielou 均匀度指数（J'）以及 Simpson 多样性指数（D）从不同方面对邛海浮游植物进行多样性分析（沈韫芬等，1990；李喆等，2012），计算公式如下：

Shannon-Weaver 多样性指数（H'）：$H' = -\sum (n_i/N) \log_2 (n_i/N)$

Pielou 均匀度指数（J'）：$J' = H'/\log_2 S$

Simpson 多样性指数（D）：$D = N(N-1)/\sum n_i(n_i-1)$

优势度：$Y = f_i \cdot P_i$

其中，p_i 为第 i 种个体数量在总个体数量中的比例，$p_i = n_i/N$；n_i 为第 i 种在样品中的个体数量；N 为样品中所有种个体总数；S 为总种类数；f_i 为第 i 种藻类出现的频率。通常将 $Y > 0.02$ 的种定为优势种。

4.1.1 季节变化

邛海各季节浮游植物群落多样性指数变化见表 4-1 和图 4-1。从表 4-1 中可知全湖 Shannon-Weaver 多样性指数（H'）为 2.49～3.66，平均为 3.03；Simpson 多样性指数（D）为 3.05～6.58，平均为 4.83；Pielou 均匀度指数（J'）为 0.49～0.66，平均为 0.58。

表 4-1 邛海浮游植物各指数的季节变化

指数	2015.12	2016.03	2016.06	2016.09	2017.03	平均
H'	2.58	3.44	3.66	2.97	2.49	3.03
D	3.94	6.56	6.58	4.01	3.05	4.83
J'	0.49	0.64	0.66	0.59	0.50	0.58

从图 4-1 可知三种指数的变化趋势相同，呈先升高再降低的趋势，最高值出现在 2016 年 6 月，最低值出现在 2017 年 3 月。

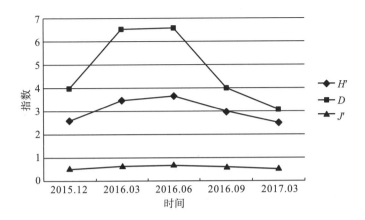

图 4-1 邛海浮游植物各指数的季节变化

一般说来，H' 在 0~1 为重污染，1~3 为中污染，大于 3 为轻污染或无污染；J' 在 0~0.3 为重污染，0.3~0.5 为中污染，0.5~0.8 为轻污染或无污染；D 在 0~2 为重污染，2~3 为中污染，3~6 为轻污染，大于 6 为无污染(沈韫芬等，1990)。综合三种指数，可初步判断邛海水质处于中轻污染或轻污染状态。

4.1.2 水平变化

邛海各采样点浮游植物群落多样性指数变化见图 4-2 和表 4-2。从表 4-2 中可知邛海各样点 Shannon-Weaver 指数(H')在 2.92~3.18 变化；Simpson 多样性指数(D)在 4.83~6.24 变动；Pielou 均匀度指数(J')在 0.55~0.60 变动，均大于 0.5。综合三种多样性指数，初步判断水质处于中污染或轻污染状态。

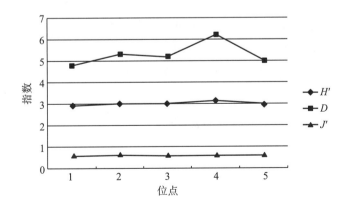

图 4-2 邛海浮游植物各指数的水平变化

表 4-2　邛海浮游植物各指数的水平变化

指数	1 号点	2 号点	3 号点	4 号点	5 号点	平均值
H'	2.92	3.03	3.00	3.18	3.01	3.03
D	4.83	5.34	5.2	6.24	5.05	5.33
J'	0.55	0.58	0.57	0.60	0.58	0.58

4.1.3　优势种分析

邛海不同时间浮游植物优势种见表 4-3。

表 4-3　邛海不同时期浮游植物优势种

时间	优势种(优势度)
2015.12	小球藻(0.360)、小环藻(0.330)、隐藻(0.120)、星形库氏小环藻(0.056)
2016.03	小环藻(0.217)、小球藻(0.196)、尖尾蓝隐藻(0.165)、隐藻(0.093)、实球藻(0.022)、啮蚀隐藻(0.035)
2016.06	小球藻(0.247)、啮蚀隐藻(0.115)、小环藻(0.109)、卵形隐藻(0.043)、马氏隐藻(0.024)、色球藻(0.037)、实球藻(0.043)、针杆藻(0.041)、空球藻(0.026)
2016.09	卵形隐藻(0.295)、啮蚀隐藻(0.268)、小环藻(0.175)、星形库氏小环藻(0.078)、马氏隐藻(0.025)、小球藻(0.025)
2017.03	小球藻(0.539)、卵形隐藻(0.020)、小环藻(0.079)、柯氏并联藻(0.144)

从表 4-3 可知,不同时期邛海浮游植物优势种存在差异,变化较大,如 2015 年 12 月和 2017 年 3 月只有 4 种优势种,而 2016 年 6 月多达 9 种。其中小球藻、小环藻、隐藻在各个时期均为邛海浮游植物优势种,三者分属绿藻门、硅藻门和隐藻门。

在水温较低的季节小环藻的优势度较高(2015 年 12 月和 2016 年 3 月小环藻优势度分别为 0.330 和 0.217),而隐藻优势度相对较低(2015 年 12 月、2016 年 3 月和 2017 年 3 月隐藻优势度分别为 0.120、0.165 和 0.020)。水温较高的时期则相反,小环藻优势度较低(2016 年 6 月和 9 月优势度分别为 0.109 和 0.175),隐藻优势度在 2016 年 9 月达到最高(卵形隐藻和啮蚀隐藻优势度分别为 0.295 和 0.268)。小球藻在各个时期都是邛海浮游植物优势种,除 2016 年 9 月优势度较低外,其余几个时期均较高,在 2017 年 3 月高达 0.539。小环藻在水温较低的季节优势度较高(2015 年 12 月和 2016 年 3 月小环藻优势度分别为 0.33 和 0.217),在水温较高的季节优势度较低(2016 年 6 月和 9 月优势度分别为 0.109 和 0.175)。

4.2　浮游动物多样性评价

4.2.1　季节变化

邛海各季节浮游动物群落多样性指数变化见表 4-4 和图 4-3。从表 4-4 中可知邛海浮游动物 Shannon-Weaver 多样性指数（H'）为 2.12～3.18，平均为 2.81；Simpson 多样性指数（D）为 2.85～6.64，平均为 4.88；Pielou 均匀度指数（J'）为 0.51～0.74，平均为 0.64。

表 4-4 邛海浮游动物多样性指数的季节变化

指数	2015.12	2016.03	2016.06	2016.09	2017.03	平均值
H'	2.64	2.12	3.18	2.99	3.12	2.81
D	3.82	2.85	6.64	4.71	6.39	4.88
J'	0.66	0.51	0.63	0.74	0.65	0.64

从图 4-3 可知三种指数的变化趋势略有不同：Shannon-Weaver 多样性指数（H'）、Simpson 多样性指数（D）和 Pielou 均匀度指数（J'）最高值分别出现在 2016 年 6 月、2017 年 3 月和 2016 年 9 月，但最低值均出现在 2016 年 3 月。

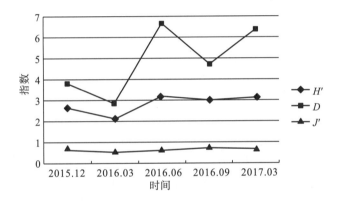

图 4-3 邛海浮游动物各指数的季节变化

综合三种指数，可初步判断邛海水质处于中轻污染或轻污染状态。

4.2.2 水平变化

邛海各采样点浮游动物群落多样性指数变化见表 4-5 和图 4-4。邛海各点浮游动物 Shannon-Weaver 多样性指数（H'）在 1.88～3.23 变化，平均为 2.81；Simpson 多样性指数（D）在 0.60～0.81 间变动，平均为 0.75；Pielou 均匀度指数（J'）在 0.48～0.71 变动，平均为 0.64。

从图 4-4 可知邛海 5 号点浮游动物多样性指数明显低于其余几处，Shannon-Weaver 多样性指数（H'）、Simpson 多样性指数（D）和 Pielou 均匀度指数（J'）最高值分别出现在 3 号点、1 号点和 3 号点，但 1～4 号点的多样性指数均很接近。这说明 5 号点浮游动物组成相对单一，与前文研究结果一致（5 号点轮虫数量和生物量均远高于其余几处）。出现这种现象的原因可能是与其余几个位点相比，5 号点环境差异较大，如水体浅、透明度低等。

表 4-5 　邛海浮游动物各指数的水平变化

指数	1 号点	2 号点	3 号点	4 号点	5 号点	平均值
H'	3.01	3.00	3.23	2.92	1.88	2.81
D	5.49	5.28	6.57	5.11	1.96	4.88
J'	0.67	0.69	0.71	0.66	0.48	0.64

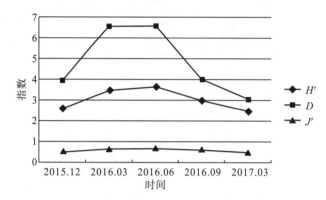

图 4-4 　邛海浮游动物多样性指数的水平变化

4.2.3 　优势种分析

邛海不同时间浮游动物优势种见表 4-6。

表 4-6 　邛海不同时期浮游动物优势种

时间	优势种（优势度）
2015.12	锥肢蒙镖水蚤 (0.038)、桡足类无节幼体 (0.038)、小栉溞 (0.02)
2016.03	晶囊轮虫 (0.488)、桡足类无节幼体 (0.2)、累枝虫 (0.046)
2016.06	无
2016.09	桡足类无节幼体 (0.132)、针簇多肢轮虫 (0.063)、汤匙华哲水蚤 (0.058)、前节晶囊轮虫 (0.037)、桡足幼体 (0.05)、僧帽溞 (0.045)、绿色近剑水蚤 (0.05)、小栉溞 (0.038)
2017.03	桡足类无节幼体 (0.242)、僧帽溞 (0.105)、桡足幼体 (0.081)、前节晶囊轮虫 (0.064)、棘爪低额溞 (0.045)、针簇多肢轮虫 (0.028)、小栉溞 (0.038)、矩形龟甲轮虫 (0.026)

从表 4-6 可知，不同时期邛海浮游动物优势种数量变化较大，如 2016 年 6 月无明显优势种，而 2016 年 9 月和 2017 年 3 月优势种多达 8 种；不同季节浮游动物优势种种类也表现出很大的差异。

除 2016 年 6 月外，桡足类无节幼体在各个季节均为浮游动物中的优势种，数量较多，但因无节幼体个体较小，故其在浮游动物生物量中所占比例并不高，仅占总量的 2.6%。晶囊轮虫在 2016 年 3 月为优势种，优势度高达 0.448；在 2016 年 9 月和 2017 年 3 月优势度较低。小栉溞在 2015 年 12 月、2016 年 9 月和 2017 年 3 月均为优势种,但优势度不高。

4.3　水生维管束植物多样性评价

4.3.1　种类及区系分析

调查结果表明,邛海共有水生维管束植物 74 种,其中,蕨类植物 5 种,被子植物 69 种。分别隶属于 3 科 3 属和 21 科 46 属(见附录 4)。其中,湿生植物种类最多,有 43 种,约占 58.1%;浮水植物其次,共计 17 种,约占 23.0%,挺水植物和沉水植物比重较小,邛海水生维管束植物名录及其生活型见附录 5。

对邛海水生种子植物进行了区系分析:邛海水生种子植物共有 7 种分布类型。其中以世界性分布型成分最多,有 19 属 36 种,占总属数的 41.3%,占总种数的 52.2%。常见的有蓼属 *Polygonum*、睡莲属 *Nymphaea* 和芦苇属 *Phragmites* 等。

4.3.2　资源分布评价

邛海水生植物资源是邛海生物旅游资源的重要组成部分,具有重要的生态功能和景观功能。邛海水域在高枧湾、月亮湾、寺湾、缸窑湾保留了较好的水生维管束植物资源和景观资源,具有 14 个水生植物群落,即芦苇、茭草、莲、菱角、野菱、荇菜、满江红、金鱼藻、狐尾藻、苦草、马来眼子菜、红线草、黑藻、轮藻。从植物生态类型和生活型方面来划分,邛海水生维管束植物可分为三种类型。

(1)湖区水生维管束植物。主要分布在湖区,又可分为挺水植物、浮叶植物、漂浮植物和沉水植物四种类型。挺水植物以芦苇(*Phragmites trails*)、菰(茭白)(*Zizania caduciflora*),以及人工栽培的莲群落为主,局部地区零星分布有泽泻(*Alismaorientalis*)、菖蒲等种类。浮叶植物以菱科(Ydrocaryaceae)植物为主,野菱(*Trapa incise*)为原生种类,其余多为人工栽培,常见种类有二角菱(*Trapa bispinosa*)、荇菜(*Nymphoides peltatum*)、水案板(*Potamogenton natans* L.)等。漂浮植物以浮萍科(Lemnaceae)植物为主,常见种类有浮萍(*Lemna minor*)、品藻(*Lemnateisulca*)、紫萍(*Spirodelapolyrhiza*)、满江红(红平)(*Azolla imbricate*)等植物,常附生于挺水植物下部水面。水葫芦(*Eichhorni acrassipes*)目前只生长于部分湖湾、水洼和部分池塘。沉水植物主要有水鳖科(Hydrocharitaceae)、眼子菜科(Potamogeronaceae),小二仙草科(Haloragidaceae)、金鱼藻科(Ceratophyllaceae)植物。常见种类有金鱼藻(*Ceratophyllum demersum* L.)、苦草(*Vallisneria asiatica*)、菹草(*Potamogen crispus*)、马来眼子菜(*Potamogeton malaianus*)、大茨藻(*Najasarina*)、狐尾藻(*Myriophyllum* sp.)等。不同湖区、不同季节种类组成和优势种有所不同。

(2)河口滩涂植物。主要分布在海南乡、岗窑村、核桃村、小渔村、唐家湾等沿湖滩涂和官坝河、高沧河、鹅掌河河口边滩，以禾本科和莎草科植物为主，芦苇和荻草是主要常见的植被类型，但由于过度的围垦和开发活动，破坏严重。

(3)湿生植物。主要分布在湖湾和滩涂高潮带，水稻田边、荷塘边、水沟边和其他潮湿地带，主要为禾本科、莎草科、蓼科、柳叶菜科、苋科的植物，常见种类有三轮草（*Cyperus orthostachyus*）、李氏禾（*Leersia hexandrs*）、双穗雀稗（*Paspalum paspaloides*）、类芦（*Neyraudia reynaudiana*）、水灯草（*Juncus effuses*）、水葱（*Scirpus validus*）、丁香蓼（*Ludwigia prostrate*）、水蓼（*Polygonum hydropiper*）、水花生（*Alternanthera philoxeroides*）等，其中丁香蓼、水花生生长强盛，常形成单优群落。

4.4 底栖动物多样性评价

4.4.1 密度评价

根据 6 个采样点位的采样数据来对邛海底栖动物密度进行评价。邛海底栖动物平均密度为 996.40 个/m²，平均生物量为 58.29g/m²；整个湖区以霍甫水丝蚓、摇蚊幼虫和环棱螺为密度优势种，密度百分比分别为 89.7%、5.5%、3.3%；生物量优势种为铜锈环棱螺、中华圆田螺、梨形环棱螺、霍甫水丝蚓，百分比分别为 45.43%、31.99%、16.9%、3.52%。在每个样点中都能发现较多的霍甫水丝蚓，其中样点 1（Ⅰ-1、Ⅱ-1、Ⅲ-1）和样点 6（Ⅰ-6、Ⅱ-6、Ⅲ-6）采集量最大，其他底栖动物在少数样点有发现，但数量不是很多。具体见表 4-7。

表 4-7 邛海底栖动物数量汇总表

采样点	数量/个	密度/(个/m²)	生物量	
			g/个	g/m²
Ⅰ-1	84	1555.56	2.8566	399.561
Ⅱ-1	90	1666.649	4.1671	79.9039
Ⅲ-1	47	612.5	0.0036276	0.65431375
Ⅰ-2	6	111.1	0.001665	0.185
Ⅱ-2	25	444.445	4.7673	90.59984
Ⅲ-2	89	1112.5	0.0065146	0.34153
Ⅰ-3	20	370.369	0.4026	8.336
Ⅱ-3	19	351.85	0.0026	0.926
Ⅲ-3	68	850	0.0055432	0.272673
Ⅰ-4	25	462.962	0.7425	14.815

采样点	数量/个	密度/(个/m²)	生物量	
			g/个	g/m²
II-4	51	944.444	0.1137	7.407
III-4	105	1312.5	0.0051475	1.572056
I-5	24	444.444	2.5271	94.445
II-5	77	1425.923	0.0049	5.2776
III-5	122	1525	0.2527735	7.57875
I-6	66	1222.222	0.0051	4.4442
II-6	118	2185.184	4.285	325.374
III-6	107	1337.5	0.00894434	7.47474825
合计	1143	17935.152	20.15871574	1049.168611
平均	63.5	996.3973333	1.119928652	58.28714506

邛海底栖动物数量统计详见附录 7。

4.4.2 空间分布评价

邛海底栖动物各样点的密度、生物量、多样性指数三个指标呈现出不同的空间分布格局。采样点 1 底栖动物密度和生物量较高，并且发现了较多的底栖动物种类，有最高的生物多样性指数，达到了整个区系的 47%。其次是采样点 6，作为邛海入海口(官坝河入河口)，底栖动物密度、生物量都较高，生物多样性指数约达到整个区系的 30%。而样点 3 位于邛海中央，水深且受人类活动影响较小，底栖动物的生物量和多样性指数都较小。总的来说，邛海底栖动物密度由北向南依次降低，北部高，南部低。而邛海底栖动物生物量也呈现出北部高、南部低的特点。采样点 6 有较高的密度和生物量，同时也拥有较高的 Simpson 多样性指数，主要是因为河口附近河水浅，底栖动物密度和生物量较丰富。采样点 3(I-3、II-3、III-3)由于密度和生物量最低，呈现出最小的生物多样性指数，Simpson 多样性指数越小，表明群落中优势种越多，也可以认为该点群落种类成分单一。相反，其他样点的底栖动物物种和数量就较多。

4.5 鱼类多样性评价

4.5.1 土著鱼类种群优势评价

邛海原有鱼类 31 种，分别隶属于 10 科 28 属，见表 4-8。

表 4-8　邛海土著鱼类及自然分布

科目	名称	分布情况
（一）鳅科	(1) 短尾高原鳅	广泛分布于青藏高原及其毗邻地区的溪流中
	(2) 红尾副鳅	分布于长江支流金沙江、南盘江、渭河水系等
	(3) 泥鳅	分布中国各地
（二）平鳍鳅科	(4) 西昌华吸鳅	分布于中国西南的长江上游、珠江上游、中国台湾各水系
（三）鮡科	(5) 纹胸鮡	分布于长江中、上游
	(6) 青石爬鮡	分布于青海、四川、云南、西藏的金沙江水系
	(7) 黄石爬鮡	分布于青海、四川、云南、西藏的金沙江水系
（四）鲤科	(8) 宽鳍鱲	国分布于黑龙江、黄河、长江、珠江、澜沧江及东部沿海各溪流
	(9) 马口鱼	广泛分布于中国从黑龙江至海南岛、元江的东部各河流干、支流
	(10) 赤眼鳟	全国各水系均产
	(11) 圆吻鲷	中国大陆与台湾北部淡水河、基隆河流域及宜兰各地
	(12) 西昌白鱼	分布于金沙江水系、云南西北部、四川邛海
	(13) 邛海鲌鱼	四川邛海
	(14) 邛海红鲌	四川邛海
	(15) 蛇鉤	分布于长江上游及其支流
	(16) 中华倒刺鲃	分布极广，从黑龙江向南直至珠江各水系均产此鱼
	(17) 白甲鱼	分布于长江上游的干、支流里，中游里也偶尔见之
	(18) 鲈鲤	分布于嘉陵江水系，淮河上游，渭河水系，伊河，洛河
	(19) 云南光唇鱼	分布于长江上游及其支流
	(20) 岩原鲤	分布于长江上游及其支流
	(21) 邛海鲤	布于长江中上游支流、云南分布于金沙江等
	(22) 鲫	分布于西昌邛海湖
	(23) 华鲮	分布全国各地
	(24) 墨头鱼	分布于长江上游干流及各大支流中
	(25) 昆明裂腹鱼	分布于长江上游、澜沧江及元江水系
（五）鲇科	(26) 大口鲇	分布于金沙江下游各支流及乌江上游
（六）鳃科	(27) 粗唇鮠	分布于长江流域
（七）鮡科	(28) 白缘央	长江，珠江，闽江水系及云南程海
（八）青鳉科	(29) 中华青鳉	分布于金沙江水系
（九）合鳃鱼科	(30) 黄鳝	云南金沙江、南盘江、元江等水系
（十）鳢科	(31) 乌鳢	华南、华东地区的常见种

　　据刘成汉(1988)、丁瑞华(1990)调查，邛海有土著鱼类 24 种，10 科 22 属，比原来减少 22.58%，减少的分别是鳅科 1 种，鮡科 1 种和鲤科 5 种，鲤科鱼类减少明显。彭徐(2007)调查得到有 20 种，分别隶属于 8 科 18 属，种群数量比原来减少 35.48%，未发现鮡科和平鳍鳅科，科群数由原来的 10 科减少到 8 科。郑璐等(2012)调查的结果是 6 科 9 属 9 种，减少 70.97%。而本次调查却显示只有 6 科 7 属 7 种，相比原有的 31 种已经减少 77.42%。从刘汉成、彭徐、郑璐到现在的调查结果可以看出，邛海的土著鱼类的种群优势减少十分

显著，已被外来鱼类物种所取代。本次调查时发现，邛海土著鱼类已经十分稀少，很难采集到样本，邛海特有的邛海鲤、邛海红鲌和西昌白鱼基本已经绝迹，鮡科、鲿科和鮡科也已经多年没有被发现了。目前仅有鲫鱼、泥鳅、大口鲇和黄鳝等，对环境的适应能力强、有一定竞争能力的土著种群保存下来。

邛海土著鱼类变化情况见表 4-9。

表 4-9　邛海土著鱼类变化表

科目	邛海原有鱼（1964 刘汉成）	刘汉成（1988）	彭徐（2007）	郑璐（2012）	彭徐等（2016）★
（一）鳅科	(1) 短尾高原鳅		●		
	(2) 红尾副鳅	●	●	●	
	(3) 泥鳅	●	●	●	●
（二）平鳍鳅科	(4) 西昌华吸鳅	●		●	●
（三）鮡科	(5) 纹胸鮡				
	(6) 青石爬鮡	●			
	(7) 黄石爬鮡	●			
（四）鲤科	(8) 宽鳍鱲		●		
	(9) 马口鱼		●		
	(10) 赤眼鳟	●	●		
	(11) 圆吻鲴	●			
	(12) 西昌白鱼	●			
	(13) 邛海鲌鱼		●		
	(14) 邛海红鲌	●	●	●	●
	(15) 蛇鮈		●	●	
	(16) 中华倒刺鲃	●	●		
	(17) 白甲鱼	●			
	(18) 鲈鲤	●			
	(19) 云南光唇鱼	●			
	(20) 岩原鲤	●	●		
	(21) 邛海鲤	●	●		
	(22) 鲫	●	●	●	●
	(23) 华鲮	●			
	(24) 墨头鱼	●			
	(25) 昆明裂腹鱼	●			
（五）鲇科	(26) 大口鲇	●	●	●	●
（六）鲿科	(27) 粗唇鮠	●	●		
（七）鮡科	(28) 白缘𬶨	●			
（八）青鳉科	(29) 中华青鳉	●	●		
（九）合鳃鱼科	(30) 黄鳝	●	●	●	●
（十）鳢科	(31) 乌鳢	●	●	●	●

注：黑圆点表示研究者在某年度调查到了某种鱼类；★表示本次调查结果。

4.5.2　产量评价

4.5.2.1　渔民及捕捞情况

邛海渔民 20 世纪 80 年代初有 300 余人，1998 年底统计有 829 人，1999 年 6 月成立西昌市水产有限公司，该公司承包了邛海所有渔业业务。

在 1999 年以前主要由西昌市邛海管理局投放鱼苗和从事渔政管理活动，每年有 2 个月开渔期(10 月 1 日至 11 月 30 日)，10 个月封渔期。这样会使捕捞鱼类集中上市，鱼价低、捕捞不按规格大小，第二年 5 月才投苗，进而造成渔业资源浪费。1999 年以后每年设 3 个月的禁渔期，具体为 2 月 1 日至 4 月 30 日。在禁渔期内禁止捕捞活动(除鲢鳙鱼外)，禁止一切垂钓活动，并设土著鱼繁殖场(月亮湾、团结湾、青龙湾、缸窑湾及邛海湿地)。1999 年 6 月起，西昌市水产有限公司统一组织进行苗种放流、成鱼捕捞活动，主要采用拖网结合地笼方式捕捞鱼类，这样的均衡捕捞行为，避免了渔业资源浪费。此外，在 2016 年 8 月以前，允许垂钓者在缴费办理年度钓鱼证后在非禁渔期垂钓；2016 年 8 月以后，仅允许垂钓者在缴费办理年度钓鱼证后在邛海出海口的海河里垂钓。

4.5.2.2　捕捞量

邛海盛产鱼虾，捕鱼捞虾成为沿湖人们的重要经济来源。邛海主要经济鱼类为鲢鱼、鳙鱼、鲤鱼、鲫鱼、草鱼、青鱼、大口鲶、翘嘴红白等，其中以鲢鱼、鳙鱼、鲫鱼、鲤鱼为主。鲢鱼、鳙鱼、草鱼、青鱼在邛海水域不能形成自然产卵场，邛泸管理局和邛海水产公司定期向邛海投放鲢鱼、鳙鱼，适当搭配鲤鱼、鲫鱼及青鱼，严禁投放外源性饲料和肥料。邛海于 1965 年开始投放鲢、鳙、鲫，20 世纪 80 年代开始大量投放鲢鱼、鳙鱼、鲫鱼的鱼苗使鲢、鳙的渔获量占 60%。2013 年共获鲢鱼 390.6t、鳙鱼 129.2t、鲫鱼 5t；2014 年共获鲢鱼 293.9t、鳙鱼 115.6t、鲫鱼 5t。以邛海水产公司及垂钓者捕捞渔获物来统计，近十几年邛海鱼类年产量(数据来源于西昌市水产渔政局)见表 4-10。

表 4-10　邛海鱼类产量近年统计表(2004～2016 年)

年度	2004	2005	2006	2007	2008	2009	2010	2011	2012	2013	2014	2015	2016
产量/t	550	640	650	760	800	815	580	560	650	650	700	700	700

邛海鱼类捕捞由邛海水产有限公司承包后，由于该公司采用均衡捕捞方式，鱼类产量相对处于稳定状态。

4.5.2.3 养殖量

邛海 2012 年前有大量养殖鱼塘及邛海渔场（主营常规鱼类品种繁殖）1 个。自从邛海建设湿地公园，实施邛海湿地恢复工程以来，其周边鱼塘及渔场已被占用作为湿地部分或禁止繁殖、养殖。故邛海鱼类养殖量为零。目前，邛海周边湿地有大量水域，如何在不破坏生态环境条件下有效地利用该水域是一项重要课题。

4.5.3 历史产量评价

20 世纪 50 年代，邛海沿湖渔民自由下海捕捞天然鱼类资源，渔具渔法简单，渔获量年平均 50t 左右，渔获物主要是土著鱼类，其中鲤鲫占 60%，乌鳢占 30%，其他种类占10%。当时邛海特有种邛海白鱼、邛海鲤数量较多，个体重量较大。60 年代，渔政部门对沿湖渔民进行了管理，改进渔具渔法，渔获量逐年增加。1965 年，开始投放鱼苗，如鲢鱼苗、鳙鱼苗以及鲤鲫鱼苗等，以至邛海渔获量达到年平均 119t。70 年代政府成立专门渔政部门，管理邛海，采取了一系列增殖保护措施，规范管理，渔获量继续维持在 117t左右。80 年代，渔政部门大量投放青鱼、草鱼、鲢鱼、鳙鱼、鲤鱼、鲫鱼、鲂鱼等鱼苗，总计达 5200 万尾，使邛海渔获量增加到 339t 左右。1990～2002 年，渔政部门除进一步投放四大家鱼外，还有选择地投放大型规格品种，投放鳊鲂品种，1991 年起，投放太湖新银鱼。这一系列措施，提高了渔获量，达到了年平均 481t。2001～2002 年鱼产量超过 600t，可见产量大幅增长。

在邛海渔获量增加的同时，邛海土著鱼类也在逐年减少，外来鱼类逐年成为邛海渔业的主要对象。在 20 世纪 50 年代的渔获物中，主要是鲤、鲫、乌鳢，大口鲇、邛海鲤，邛海白鱼等土著鱼类，占 90%以上。这一状况直延续到 60 年代末。自 1965 年投放外来鱼种后，特别是在 70 年代初大量放养外来鱼类，造成了邛海土著鱼类的衰退，物种明显减少，如过去常见的邛海白鱼、邛海鲤等土著种类处于产商业性灭绝，加之邛海周边人口剧增，农家乐增多，生活污水大量排入邛海，使邛海富营养化加剧，土著鱼种生物多样性呈现危机。外来种产量显著上升，70～80 年代，总产量中鲢鳙鱼产量占 60%，鲤鲫产量占 20%～30%，土著种白鱼产量占 10%。特别是太湖新银鱼的引入，进一步加剧了邛海鱼类品种的单一化，破坏了邛海鱼类的多样性。邛海历来盛产鱼虾，是重要的渔业基地和水上运动场。邛海实行国家地面水 II 类水质标准，周边没有工业污染和生活重污染，水质良好，邛海鱼类以摄食邛海水体的天然饵料实现生长。所以邛海鱼是绿色生态产品，渔产品品质优良，鱼类属有机鱼，食用后对人体健康非常有益。经过国家无公害认证机构严格考察，2003 年、2006 年先后获准省、国家级的无公害农产品认证，获得了"无公害水产品生产基地"和"无公害水产品"认证证书。邛海是我国重要的水产品供给基地。邛海物产丰富，盛产鱼虾，是重要的渔业水域，2006 年被国家农业部确定为生态水产养殖基地。根据西昌市水产渔政管理局提供的资料，据不完全统计，邛海共有鱼类 13 科 42 属 50 种(亚种)，实有养殖水面 40230 亩，占全市养殖水面的 85%，2011 年全湖水产品产量 560t。邛海渔业是天然生态养殖，是全州最大的无公害养殖基地，其主要产品已申报认定为无公害水产。随着邛海水环境的进一步改善，质量不断提升，目前已达有机水产品要求，深受广大市民和外来游客的喜爱。

4.6　观赏昆虫多样性评价

邛海湿地观赏昆虫资源以具有奇特、怪异、优美体形的观赏昆虫为主，共 35 科 66 种，种数占观赏昆虫总数的 72.5%。种数较多的为具有艳丽的色彩和不同斑纹构成优美图案等观赏价值的色彩类观赏昆虫，共 17 科 32 种，占种数的 35.2%，其中主要以鳞翅目昆虫为主。运动类观赏昆虫共 7 科 11 种，占种数的 12.1%，其观赏价值主要在于格斗、游戏、赛跑等。能发出悦耳动听的鸣声的鸣叫类观赏昆虫共 2 科 4 种，占种数的 4.4%。发光类观赏昆虫仅窗萤、扁萤 2 种，占种数的 2.2%。具有两种及两种以上观赏价值的观赏昆虫共 16 科 22 种，占种数的 24.2%。

4.7　鸟类多样性评价

由于西昌独特的气候资源和良好的生态环境，使邛海成为我国南方候鸟的重要栖息地之一，每年有大量的鸟在邛海湿地过冬，据研究在我国数量已非常稀少的紫水鸡就以邛海湿地为核心栖息地(田勇等，2012)。目前邛海湿地恢复 8500 亩，由于其恢复工程所处区域是邛海多种珍稀鸟类的现状主要栖息地，因此，邛海湿地符合《湿地公约》第二条"特别是具有水禽生境意义的地区岛屿或水体"的规定，满足国际重要湿地名录鉴定标准中"基于水禽的特定指标"。据李海涛和黄渝(2007，2009)、邓其祥和李海涛(1993)的研究统计，邛海湿地有 75 种鸟类，其中留鸟 25 种，相对数量 8072 只；夏候鸟 22 种，相对数量 551 只；旅鸟 10 种，相对数量 169 只；冬候鸟 18 种，相对数量 1014 只。目前邛海湿地的鸟类已达 120 种。见附表 8。

2017 年 3 月，据统计，邛海及流域现有鸟类 284 种，邛海冬候鸟种类共有 27 种(邓其祥和李海涛，1993；杨岚等，1988；吴金亮，1985；崔学振等，1992)，分属 7 目 8 科，其中鸭科种类占该湖冬候鸟总数的 50%，鹭科种类占 22.7%，辟虎科、鹬科种类占 9.1%，秧鸡科、鸥科种类占 4.5%，邛海冬候鸟相对总数为 2207 只。优势种群为秧科的骨顶鸡，占相对总数的 82.5%；普通种群为池鹭、红嘴鸥、小辟虎、绿头鸭，各占相对总数的 4.48%、4.01%、2.54%、1.51%；余下种类为稀有种群，小于相对总数的 1%。可见，邛海鸟类资源丰富，形成了较多的观鸟景观，是我国南方候鸟的重要栖息地之一。

4.8 生物多样性指标体系评价分析

4.8.1 水资源丰富性

邛海属长江流域雅砻江水系，安宁河支流海河的源头淡水湖泊，形状如蜗牛，湖周有多条山溪小河和溪沟入湖。汇入邛海的河流北有高沧河（干沟河），东有官坝河，南有鹅掌河，次一级的河流有小青河、踏沟河、龙沟河等，其中以官坝河流域面积最大，以上河流汇入邛海后由海河排泄，海河自邛海西北角流出后，在西昌城东和城西纳入东河、西河后转向西南注入安宁河再汇入雅砻江。邛海湖面面积 27.877km^2，总库容 3.2 亿 m^3，多年平均入湖径流量 1.5 亿 m^3，蒸发量 2150 万 m^3，湖水换水周期 2.2 年。

4.8.2 生物资源丰富性

1. 邛海流域生物资源规模与丰度

邛海流域植物区系属泛北极植物区、中国喜马拉雅植物亚区。流域内植被分区属中国喜马拉雅植物亚区的西昌横断山地宽谷亚热带季节型常绿阔叶林区。调查结果表明（彭徐，2006；杨红等，2009），邛海流域内有高等植物 100 余科 300 余属 400 余种。湿地树木种类丰富多样，其中，裸子植物 7 种，被子植物 67 种，共 74 种，隶属于 35 个科。水生维管束植物 77 种，其中，蕨类植物 5 种，被子植物 72 种，分别隶属于 2 科 3 属和 20 科 47 属。

邛海-泸山国家级风景名胜区独特的自然地理条件和特殊的宗教环境，使古树名木、稀有植物得以保存繁衍。在邛海-泸山国家级风景名胜区内有国家二级保护树种西昌黄杉 3 株，该树为濒危种，是四川省特有树种，分布范围极其狭窄。邛海为二级保护植物野菱提供了栖息生境，引种的二级保护树种有攀枝花苏铁、银杏。尤其是泸山光福寺的古汉柏最为珍贵，是一级保护古树，树围 8.5m，状如盘龙，苍劲挺拔，是罕见的活化石。

邛海湿地动物类型多、分布密、种群量大、生殖与栖息地环境良好，食性与习性稳定。邛海及流域现有鸟类 284 种，邛海冬候鸟种类共有 27 种，分属 7 目 8 科。

邛海及其流域为冬候鸟的越冬提供了良好的食物、休息、避敌等环境条件，有国家一级保护鸟类 1 种——中华秋沙鸭；有二级保护鸟类彩鹳、鸳鸯、燕隼、红隼、血雉、白腹锦鸡、灰鹤、雀鹰、苍鹰、松雀鹰、凤头鹰等 11 种；四川省重点保护鸟类 9 种，主要包括小鸊鷉、黑颈鸊鷉、凤头鸊鷉普通鸬鹚、紫背苇鳽、红胸田鸡、黑水鸡、水雉、粟斑杜鹃等。国家保护的有益的或者有重要经济、科学研究价值的鸟类 138 种。

邛海是西昌地区物种丰富度高的区域，其区内有高等植物 100 余科 300 余属 400 余种。水生高等植物 40 余种，藻类 93 种，浮游动物 30 种，底栖动物 32 种，鱼类 40 种，鸟类 284 种。邛海是四川境内最大的天然湖泊，生态系统多样性较好，生物物种较为丰富，这是生境与栖息环境的多样性的结果。

2. 邛海流域生物资源的丰度

物种丰富度是指被评价区域内已记录的野生高等动植物物种数,用于比较物种的多样性。湿地生物多样性是所有湿地生物种类、种内遗传变异和它们生存环境的总称,包括所有不同种类的动物、植物、微生物及其所拥有的基因和它们与环境所组成的生态系统。

本研究在湿地生态评价方法的基础上,结合生物多样性的理论与实践,将物种多样性和生态系统多样性作为一级指标,下设 2、3 级亚指标,建立了 1 套可操作性较强的湿地生物多样性评价指标体系,借鉴相关研究成果,确定湿地生物多样性评价指标体系和赋值标准(见表 4-11),对邛海流域生物多样性进行评价(马克平和钱迎倩,1998;张峥等,2002;王戈戎和杜凤国,2006;王雪湘和陈秀梅,2010;鞠美庭等,2009;程志等,2010)。

表 4-11　生物多样性评价指标体系与赋值标准

指标			代码	等级标准	分值
物种多样性 A	物种多度 A1		A1.1	湿地维管植物≥500 种	10
				湿地维管植物 200~499 种	7.5
				湿地维管植物 101~199 种	5
				湿地维管植物<100 种	2.5
			A1.2	湿地鸟类>200 种	10
				湿地鸟类 70~199 种	7.5
				湿地鸟类 30~69 种	5
				湿地鸟类<30 种	2.5
	物种相对丰度 A2		A2.1	湿地维管植物数占所在生物地理区或行政省内物种比例>30%	10
				湿地维管植物数所占比例在 20.0%~29.9%	7.5
				湿地维管植物数所占比例在 10.0%~19.9%	5
				湿地维管植物数所占比例<10%	2.5
			A2.2	湿地鸟类数占所在生物地理区或行政省内物种比例>70%	10
				湿地鸟类数所占比例在 50.0%~69.9%	7.5
				湿地鸟类数所占比例在 20.0%~49.9%	5
				湿地鸟类数所占比例<20.0%	2.5
	物种稀有性 A3		A3.1	湿地内有全球性珍稀濒危植物	5
				湿地内有国家重点保护一、二类植物	4
				湿地内有国家重点保护三类植物	3
			A3.2	湿地内有全球性珍稀濒危鸟类	5
				湿地内有国家重点保护一类鸟类	4
				湿地内有国家重点保护二类鸟类	3
				湿地内有区域性珍稀濒危鸟类	2

指标		代码	等级标准	分值
生态系统多样性 B	物种分布区 B1	B1.1	50%以上维管植物属仅有极少产地的地方性物种	10
			50%以上维管植物属广布但局部少见或分布区边缘物种	7
			50%以上维管植物属广布种	4
		B1.2	50%以上鸟类属仅有极少产地的地方性物种	10
			50%以上鸟类属广布但局部少见或分布区边缘物种	7
			50%以上鸟类属广布种	4
	生境类型 B2	B2.1	世界范围内唯一或极重要的湿地	12
			国家或生物地理区范围内唯一或极重要的湿地	9
			地区范围内稀有或重要的湿地	6
			常见类型湿地	3
		B2.2	湿地生态系统的组成成分与结构复杂，有多种类型存在	8
			组成成分与结构较复杂，类型较多	6
			组成成分与结构较简单，类型较少	4
			组成成分与结构简单，类型单一	2
	人类威胁 B3	B3.1	保护区内很少有人类的侵扰活动，对当地的水体、土地、矿藏生物或景观等资源只有少量的开发利用	5
			保护区内有人类活动侵扰存在，对资源开发强度较大	3
			保护区内人类侵扰活动较严重，对资源的开发利用明显过度	1
		B3.2	保护区与未开发生境毗邻，或有通道与其相连，或被其环绕	5
			保护区周边地区尚有未开发的生境	3
			保护区被已开发的区域环绕	1

湿地生物多样性评价计算方法为

$$R = \sum_{i=1}^{3} A_i + \sum_{j=1}^{3} B_j$$

式中，A_i——物种多样性的各项指标赋值；

B_j——生态系统多样性的各项指标赋值。

如果 R 为 86～100，生物多样性很好；R 为 71～85，生物多样性较好；R 为 51～70，生物多样性一般；R 为 36～50，生物多样性较差；$R \leqslant 35$，生物多样性差。

基于对生物多样性调查数据与本书的湿地生物多样性评价指标体系，得出邛海湿地指标赋值分，各项指标总值分为

$$A_1 = A_{1.1} + A_{1.2} = 7.5 + 10 = 17.5；$$

$$A_2 = A_{2.1} + A_{2.2} = 10 + 5 = 15；$$

$$A_3 = A_{3.1} + A_{3.2} = 4 + 5 = 9；$$

$$B_1 = B_{1.1} + B_{1.2} = 7 + 7 = 14；$$

$$B_2 = B_{2.1} + B_{2.2} = 9 + 8 = 17；$$

$$B_3=B_{3.1}+B_{3.2}=3+5=8$$

邛海湿地生物多样性评价总分为：$R=\Sigma A_i+\Sigma B_i=41.5+39=80.5$。根据湿地生物多样性划分标准（$R$ 为 71～85），邛海湿地生物多样性较好。通过计算表明，邛海流域物种较丰富，特有属种较多，生态系统类型较多，局部地区生物多样性高度丰富。

3. 邛海湿地生态系统与丰度

根据邛海湿地植被类型把邛海沼泽湿地分为 3 种类型的湿地和 5 种湿地生态系统，即草本沼泽湿地、灌丛沼泽湿地、森林沼泽湿地等 3 种湿地类型和环湖生态系统、湖洲草滩生态系统、湖岸带生态系统、浅水层生态系统、深水层生态系统等 5 种湿地生态系统。

2009 年邛海面积仅有 26.8km²，湿地零星分布。2010 年邛海湿地 1～4 期建设，邛海面积达到 31km²。

1）邛海湿地的类型

（1）草本沼泽湿地，即低水位时水深小于 2m 的浅水域，包括湖泊、河流、塘堰、渠沟等，是邛海湿地面积最大的部分，其中又以草本沼泽湿地为主。

（2）灌丛沼泽湿地，以洪水期被淹没、枯水季节出露的河、具有灌丛的湖洲滩地为主，包括湖洲、河滩。

（3）森林沼泽湿地，即外部渍水低地，以荷塘、鱼塘、水稻田、渍害低田、栽培乔木的湖岸为主。

2）邛海湖盆区生态系统分类及其特征

根据邛海湖盆区生态系统的组分特征可分类为：

（1）环湖生态系统。由于长期的人类破坏和经济活动的干扰，该区域原生植被类型基本消失，代之以人工植被为主。典型类型有农田、旅游景区、鱼塘、荷塘等，该生态系统主要生产者为：水稻、荷、满江红、栽培乔木、观赏花卉等。该生态系统除人类活动频繁外，其主要的消费者为鸟类、啮齿类、昆虫等。

（2）湖洲草滩生态系统。有季节性或常年积水区域，多为沼泽土或潮土，典型类型为湖洲、河滩。该生态系统主要生产者为薹草、丁香蓼、水花生、李氏禾、雀稗、蕨类等植物。该生态系统主要的消费者为好气细菌。

（3）湖岸带生态系统。该生态系统植物呈带状平行于湖岸分布，但由于人为干扰破坏严重，该生态系统带状分布极不完整，现阶段只在河口区域有部分残留分布，其余湖岸呈点状分布。该生态系统主要生产者为芦苇、茭白、莲、满江红、浮萍、凤眼莲、水花生、黄花水龙等，主要消费者为两栖类、爬行类、鱼类、鸟类等。

（4）浅水层生态系统。该生态系统是湖中的光亮带，光线比较充沛，浮游生物丰富。该生态系统的主要生产者为浮游藻类。主要消费者为鱼类、浮游动物等。

（5）深水层生态系统。该生态系统为湖中的深水地带，光线差、绿色植物不能生长。该生态系统主要生产者为沉积在水底的腐屑颗粒和有机质，主要消费者为蚊、蝇幼虫。

4.9　生物资源完整性评价分析

完整性（integrity）是指具有或保持着应有的各部分，没有损坏或残缺。生物完整性的内涵是维持和维护一个与地区性自然生境相对等的生物集合群的物种组成、多样性和功能等的稳定能力，是生物适应外界环境的长期进化结果。

生态完整性（ecological integrity）是指某一地区在自然条件下支撑和维持一个平衡的、完整的、适应的且富含各种要素和过程的生命系统的能力，与生物完整性并不完全等同。因此，生物完整性指数只是反映了一个自然生态系统的内在价值。

生态系统的完整性是资源管理和环境保护中的一个重要的概念，它主要反映生态系统在外来干扰下维持自然状态、稳定性和自动组织能力的程度。评价生态系统完整性对于保护敏感自然生态系统免受人类干扰的影响有着重要的意义。通过对邛海流域植被层谱的完整性系数定量分析，基本确定邛海流域生态系统的完整性，从而反映出目前邛海流域生态系统的稳定程度和自我恢复能力。

植被垂直层谱的完整性，指被评价区域内植被群落垂直分层结构的完整程度，如乔木层（2～3层）、灌木层、草本层，用于表征生态系统的在垂直方面的多样性和稳定性。植被的垂直分布层越多，则它的生态系统稳定性越好，完整性系数也就越高，多样性也就越好。

根据调查数据，依据表 4-12，得出邛海流域植被垂直层谱的完整性系数为 80，表明邛海流域植被垂直层谱比较丰富，植被覆盖率较高，植被完整性相对较好，生态系统完整性相对较为理想。这也间接表明近年邛海湿地恢复工程取得了良好的生态效益和社会效益。邛海湿地恢复工程通过退田还湖、修复（恢复）近自然的湿地生态系统，依托原有农田和鱼塘，在最大限度保持天然形态与结构的基础上，重点恢复了沼泽湖泊湿地、河流湿地和人工湿地等三种类型的湿地。遵循生态旅游开发原则，恢复邛海原有的生态环境，完整系统地对区内动植物进行保护，无任何出售野生动植物制品及滥砍滥发的不良行为，为鸟类提供良好的栖息环境。

表 4-12　植被垂直层谱完整性系数

植被垂直层谱完整性	系数
有五个以上（含五个）植被分布层	100
有四个植被分布层	80
有三个植被分布层	60
有两个植被分布层	40
只有一个植被分布层	20
无植被分布	0

5 邛海湿地流域生态旅游服务调查

5.1 调 查 内 容

本研究主要调查邛海湿地流域旅游业发展的现状(见第 2 章 2.2.4 小节)、生态旅游基础设施、生态景观满意度等。邛海湿地流域旅游业发展的现状主要通过各级当地政府、邛海-泸山风景区管理局获取,生态旅游基础设施及生态景观满意度采用问卷调查的方式。调查问卷内容主要由五部分组成:一是被调查者的基本信息调查;二是景区基础设施建设状况调查;三是景区环境现状调查;四是景区景观观赏满意度调查;五是对景区景观保护及开发利用提出意见。

调查问卷设计模板见附录 12。

调查小组于 2017 年 4 月 29 日在邛海湿地公园范围内进行问卷调查,采取匿名调查的方式,总共发放了调查问卷 120 份,收回 106 份,回收率 88.33%。回收的 106 份调查问卷中有 6 份为废卷,有效问卷 100 份,有效率达到 94.34%。

5.2 调查基本信息分析

根据表 5-1～表 5-3 的问卷调查统计表明:在 100 份有效调查表中,被调查者中男性为 46 人,女性为 54 人,男女基本持平;到邛海湿地公园的旅游者年轻人占绝大多数(19～35 岁者占 70%);文化程度比较高(大学本科及本科以上者占比约 53%,大专文化程度者占比 27%,两者合计约 80%);被调查者身份学生为最大群体(占 37%),其次为企事业管理员、专业和文教技术人员(总计占 27%),两项相加达 64%;收入方面,月收入 5000 元以上者最多,占 28%,3000 元以下者占比 49%,3000～5000 元者占 23%;客源地方面,在凉山州内者占 25%,省内其他市州者占 65%,两项占比 90%;有旅游经验者占 84%;旅游动因为拓宽视野者占 50%,减压者占 23%,陶冶情操者占 14%,寻求新鲜、刺激者占 13%;来邛海湿地公园之前对它十分了解者占 5%,一般了解者占 70%,两项占比 75%,不是很了解者 25%;第一次来邛海泸山风景区者占 33%,第二次来者占 12%,第三次来者占 5%,三次以上来参观者达 50%;在多选项中,到邛海湿地公园旅游的主要目的是选择休闲度假者达 85,选择观赏民族风情者 21%,探亲访友者 15%。

表 5-1　邛海湿地公园景区被调查者状况调查统计表

调查问题	调查单选项/%			
您的性别是	男性 46	女性 54		
您的年龄	18 岁以下 6	19～35 岁 70	36～50 岁 20	51 岁以上 4
您的文化程度是	大学本科及本科以上 53	大专文化程度 27	高中及中专文化程度 11	初中及初中以下 9
您的月收入是	1000 元以下 22	1000～3000 元 27	3000～5000 元 23	5000 元以上 28
您的居住地是	州内 25	省内 65	国内 10	国外 0
您有过旅游经验没？	有 84	没有 12		
您旅游的动因	减压 23	新鲜、刺激 13	拓宽视野 50	陶冶情操 14
您在来邛海湿地公园之前对它的了解	不是很了解 25	一般了解 70	十分了解 5	
您是第几次来邛海-泸山风景区	第一次 33	第二次 12	第三次 5	三次以上 50

表 5-2　邛海湿地公园景区被调查者职业调查统计表

调查问题	调查单选项/%							
您的职业是	公务员	学生	企事业管理人员	景区服务销售商贸人员	农民	专业/文教技术人员	离退休人员	其他
	5	37	18	3	5	9	1	22

表 5-3　邛海湿地公园景区旅游目的调查统计表

调查问题	调查多选项/%						
您此次来邛海湿地公园旅游的主要目的是	休闲度假	探亲访友	宗教朝拜	健康医疗	商务、专业访问	民族风情	其他
	85	15	1	2	5	21	17

从以上数据分析表明：到邛海湿地公园旅游者年轻人占绝大多数，文化程度比较高，学生旅游群体相对较多；其次为企事业管理人员、专业/文教技术人员；旅游者整体月收入较高者比重相对较大；客源地主要为四川省内；旅游动因以拓展视野为主；旅游目的以休闲度假者居多；旅游者一般对旅游地有所了解；多次来旅游者占大多数。

5.3　基础设施调查分析

根据表 5-4、表 5-5 的问卷统计，游客决定到邛海湿地公园旅游时主要考虑的因素是

景区特色的占72%,选择安全选项的有25%。认为邛海湿地公园景区建设有特色的占29%,
认为一般的占 42%,认为特色不强的也占 29%,说明邛海湿地公园在景区特色建设方面
有待进一步加强,以增强对游客的吸引力。认为邛海湿地公园工作人员工作状况非常好的
占31%,工作状况一般的占63%,不太好的占6%,这一选项说明工作人员的服务态度还
是比较令人满意的。在工作人员工作不佳的表现方面主要在"履行岗位职责不到位"(占
25%)和"服务态度冷淡"(占 36%)方面,表明有必要加强对工作人员职业道德方面的教
育和培训。认为邛海湿地公园景区内的各种标识"很好,标识很清楚,找景点很容易"的
占 47%,认为"还行,标识清楚,基本能找到景点,但一些景点容易错过"的占 50%,
表明在景区标识方面能满足旅游要求。

表 5-4　邛海湿地公园景区旅游服务调查统计表

调查问题	调查单选项/%			
您在邛海湿地公园游玩时是否需要讲解人员	是	否		
	21	79		
您认为邛海湿地公园景区内的各种标识如何?	很好,标识很清楚,找景点很容易	还行,标识清楚,基本能找到景点,但一些景点容易错过	不太好,标识不清楚,很多景点容易错过	很不方便,标识复杂,很不清楚
	47	50	3	0
如果您认为工作人员工作不佳,主要表现在	履行岗位职责不到位	服务态度冷淡	服务质量低	素质低
	25	36	22	17
您认为邛海湿地公园的工作人员工作状况如何?	非常好	一般	不太好	很不满意
	31	63	6	0
您觉得邛海湿地公园景区建设怎么样?	有特色	一般	特色不强	
	29	42	29	

表 5-5　邛海湿地公园景区旅游基础设施建设调查统计表

调查问题	调查多选项/%					
您决定到邛海旅游时主要考虑的因素有哪些?	安全	景区特色	服务	便利	其他	
	25	72	8	19	22	
您认为邛海湿地公园需改进的环节?	旅游交通	景区设施	接待服务质量	从业人员素质	其他	
	40	49	32	22	18	
您认为邛海湿地公园景区目前面临的主要问题是	开发不够	基础设施落后	监管力度差	服务态度差	旅游从业人员素质低下	恶性竞争,相互削价
	55	31	39	12	6	6
您来景区经常会选择的活动	登山	骑行或步行环海	坐船	拍照与学习	科研活动	会议活动
	29	84	32	37	2	4
你认为景区未来的发展着重点	旅游特色产品	民族文化风情	特色旅游活动	服务设施改进		
	33	77	60	31		

在邛海湿地公园需改进基础设施建设环节的多选项中，选择"景区设施"选项的占49%，接近一半的被调查者，选择"旅游交通"的也占40%，选择"接待服务质量"的占32%；在邛海湿地公园景区目前面临的主要问题的多选项中，认为"开发不够"的占55%，选择"监管力度差"的占 39%，选择"基础设施落后"的占 31%；在邛海湿地公园游玩时需要讲解人员的占21%，不需要的占79%。这三项的调查表明：景区的开发力度不够，在景区设施、旅游交通、旅游接待以及旅游监管等方面还不能满足旅游发展的需求，因此这几方面的投入和建设力度有待加大。

在景区经常会选择的活动多选项中，选择"骑行或步行环海"的多达84%，几乎是每个游客到景区旅游的必选旅游项目，选择"拍照与学习"（占37%）、"坐船"（占32%）、"登山"（占29%）的被调查者也比较多。

在景区未来的发展着重点的多选项中，选择"民族文化风情"的达77%，由此可见凉山浓郁的"民族风情"在旅游发展中具有重要地位，此外选择"特色旅游活动"的也达60%，选择"旅游特色产品"（占33%）和"服务设施改进"（占31%）选项的也比较多。

5.4 环境问题调查分析

根据表 5-6、表 5-7 知，"各旅游景区危害较大的是哪些问题"的多选项中，选择"垃圾污染"和"水污染"两项的都达到50%；"景区的环保工作目前应该改善哪些方面"的多选项，被调查者选择"水道清洁"（占57%）、"对旅客的环保意识的教育"（占52%）和"垃圾处理"（占49%）这三项的人数较多；在"认为有必要在旅游区开展环保宣传吗？"的选项中，认为"有必要"的高达95%；在"您认为应该制定法律法规对破坏景区环境卫生的行为进行约束和惩罚吗？"选项中，认为应该的也高达91%。在"您在景区内会乱扔垃圾吗？"的调查选项中，选择"没有"的也高达84%，"偶尔"的占13%，"经常"的占3%。在"您认为景区当地政府是否意识到环境问题的严重性和环保工作的迫切性？"的调查选项中，"感觉一般"的占57%；"是，感觉极强烈"的占25%，"没有什么感觉"的占18%。

表 5-6 邛海湿地公园景区环境问题调查统计表

调查问题	您认为各旅游景区危害较大的是哪些问题？		您认为景区的环保工作目前应该改善哪些方面？	
调查多选项/%	垃圾污染	50	水道清洁	57
	水污染	50	对旅客的环保意识的教育	52
	光污染	24	垃圾处理	49
	噪声污染	18	改善空气质量	14
	空气污染	15	其他（请注明）	3
	超规模接待旅客	14		
	其他	12		

表 5-7　邛海湿地公园景区环境保护调查统计表

调查问题	调查单选项/%		
您在景区内会乱扔垃圾吗？	经常	偶尔	没有
	3	13	84
您认为应该制定法律法规对破坏景区环境卫生的行为进行约束和惩罚吗？	应该	不应该	无所谓
	91	2	7
您认为景区当地政府是否意识到环境问题的严重性和环保工作的迫切性？	是，感觉极强烈	感觉一般	没有什么感觉
	25	57	18
您认为有必要在旅游区开展环保宣传吗？	有必要	没必要	无所谓
	95	4	1

根据表 5-6、表 5-7 调查数据分析，"垃圾污染"和"水污染"是被调查者最为关切的两个环境问题，这也反映出了景区目前存在的最为严峻的两个生态环境问题，需要引起管理者的高度重视。此外，被调查者也高度关注景区的环保宣传工作。

5.5　观赏满意度调查分析

从表 5-8、表 5-9 中可以看到，被调查者对景区"气候舒适度"评价最高，"满意"达 50%，"较满意"达 41%，两项相加高达 91%；其次，对景区"人文景观"和"自然风光"的评价也很高，对景区"人文景观""满意"的占 32%，"较满意"的占 37%，两项合计达 69%；对景区"自然风光"评价"很高"的占 31%，"较高"的占 39%，两项合计达 70%。再次，对景区"投资条件"和"美学观赏价值"的评价也较高，对景区"投资条件""满意"的 22%，"较满意"的占 33%，两项合计占 55%；对景区"美学观赏价值"评价"很高"的占 18%，评价"较高"的占 35%，两项合计占 53%。最后，对景区"康娱价值"和"科考价值"的评价一般，对景区"康娱价值"评价"很高"的只有 9%，评价"较高"的占 29%，两项合计为 38%，而评价"一般"的达 46%；对景区"科考价值"评价"很高"的有 15%，评价"较高"的占 23%，两项合计也为 38%，评价"一般"的也为 46%。

表 5-8　邛海湿地公园景区观赏满意度调查统计表

调查选项	满意	较满意	一般	不满意	很差
人文景观	32	37	31	0	0
气候舒适度	50	41	8	1	0
投资条件	22	33	44	0	1

表 5-9　邛海湿地公园景区观赏评价调查统计表

调查选项	很高	较高	高	一般	较低	很低
自然风光	31	39	15	15	0	0
美学观赏价值	18	35	22	24	1	0
康娱价值	9	29	14	46	2	0
科考价值	15	23	14	46	1	1

被调查者对邛海湿地公园景观保护及开发利用提出的意见中，一是环境保护问题，如"水污染，垃圾多""注意周边环境卫生""不要过度开发，尽量保持景区原貌""请对自然景观多加保护，尽量少开发商业场所"等；二是旅游开发及旅游设施建设问题，如"停车位太少，开发力度不够，环线打造太差""客人吃饭不好停车，生意不好做"等；三是旅游消费价格问题，如"景区游船应价格便宜一些，大众亲民化"等。

6 邛海湿地流域重大工程项目

6.1 污水处理及收集配套工程

近年来,西昌市积极推动污水处理厂建设及邛海周边污水收集配套工程,削减污染物入湖量,使邛海水体水质得到明显改观。

投资 4451 万元,建成处理能力 1 万 t/d 的污水处理厂,2004 年开始投入运行,处理后的污水达到国家污水排放一级标准;远期规划处理能力 2.5 万 t/d,在建设邛海万吨污水处理厂的基础上,2006 年投资 1900 余万元新建邛海西岸截污干管 9.148km 及 3 个配套泵站;2009 年投资 2000 余万元建成 12km 的二、三级管网;2010 年又投入 800 多万元实施"四级"网管工程,将西岸所有单位、部队、院校、宾馆、农家乐及村(居)民的生活污水全部接入截污管网。投资 600 多万元,建成西昌市民族中学、川兴中学污水处理设施,日处理污水达 3000t。投入 100 余万元对月亮湾景点、小渔村景点、青龙寺景点的污水处理设施进行改扩建;对邛海周边的 35 户农家乐限期治理,达标排放;结合海河天街建设,建成海河两岸截污管网,将城区原有的 37 个直排海河的排污口全部接入截污管网,彻底解决了城市污水在洪水季节倒灌邛海的问题。同时,在邛海保护区内川兴、西郊、高枧、大箐、海南、大兴等乡镇修建垃圾池近 150 座,收集和处理保护区固废垃圾,有效减少了对邛海水体的污染。

目前邛海入湖污染物量最大的地方在邛海的西北岸,该区域距离西昌市区较近,周边居民点多,还存在着养殖场、屠宰场、集贸市场等,各类污水未经处理便通过土城河等小支沟直排邛海,使得该处水质污染较严重,为此投资 800 多万元建成占地 50 余亩、日处理污水能力 5000t 的土城河人工湿地,不过目前西北岸仍为邛海污染最严重的地方。另外,在其他没有建设截污管道的东岸、南岸(月亮湾、青龙寺、观海湾等),这些地方仅建设有一些独立的生活污水处理设施,处理后的一部分废水用于绿化,这在一定程度上减轻了对邛海的污染负荷;投入 221 万元,对邛海入湖河流小清河流域进行生态治理;投资 130 多万元,聘请中科院成都山地灾害研究所开展官坝河流域综合治理规划。随着邛海旅游的发展,旅游人数的增多,入湖负荷将大大增加,邛海保护面临巨大压力,必须要加快邛海截污管网的建设。

6.2　林业恢复工程

开展邛海流域林业恢复工程。凉山州和西昌市先后投入 3.46 亿元，联动周边喜德等县实施邛海—泸山周边可视范围植被恢复 934hm²，人工造林 2534 hm²，封山育林 4134 hm²，邛海流域林地面积达 25340 hm²，流域内森林覆盖率达到 60%以上。投资 4000 多万元，实施邛海周边 14.8km 环海旅游公路防护林和节点绿化，新增绿化面积 40hm² 多。

清剿外来物种。开展邛海水葫莲和水白菜控制和打捞工作，近三年共组织 30 000 多人次，打捞水葫莲和水白菜 35 000 多吨，有效防止了有害水生物种对邛海的危害。

规划三片六期湿地，"三片"即西北岸湿地、东北岸湿地、南岸湿地。西北岸湿地靠近城区，通过水面拓展、连通，加强湿地植被保护和滨水岸带绿化建设，促进邛海西北岸尤其是海河口早期退化湿地的生态恢复；在邛海与海河交汇口附近，结合水鸟栖息地分布，建立湿地自然保护区域，保护湿地生物多样性。东北岸湿地、南岸湿地在主要入海河流官坝河、鹅掌河和小清河河口，重点进行河口的水土保持，结合珍稀鱼类栖息地分布，建立湿地自然保护区域，保护湿地生物多样性；建立农业区域与邛海之间的生态防护带，截留农村生活污水，防治农村面源污染，塑造生态田园景观；结合西昌旅游城市发展，加强环邛海周边旅游资源的综合开发，彰显邛海的湿地环境魅力。

6.3　农业污染源治理

积极发展生态农业。针对邛海生态环境发生变化，采取的主要对策：一是继续推进农业结构调整，优化作物布局，合理轮作，大力推广花卉种植、大棚蔬菜等产业发展，全面提升农业综合效益；二是推广优化平衡施肥技术措施，保护邛海生态环境，通过科学配方施肥技术提高土地单位面积产量；三是大力推进无公害农产品基地建设，开发无公害优质农产品和绿色食品；四是建立健全农业生产中农药使用监管体系，严禁环邛海周围使用高毒、高残毒农药，加大安全、高效、低残毒农药应用。

6.4　"三退三还"工程

科学划定邛海建设工程控制区，对正常水位线上陆域 40～80m 的沿湖地带进行工程控制。实施"三退三还"工程，目前已实施"三退三还"400hm²，对整村风貌差、污染大的村落和农家乐等进行搬迁和拆除。已整村搬迁了海滨村 1、2、3、4、5、6、7、10 组，2500 多户，5000 多人；团结村、尤家屯村 1300 多户，3000 多人。108 国道以下除保留78029 部队、铁路技校、夏威夷酒店(船型房)部分建筑外，其余建筑全部拆迁，涉及民房、农家乐、企事业单位近 500 户，约 2500 人。

6.5 湿地恢复工程

邛海湿地恢复工程规划总面积 1334hm²，分 6 期建设，2010 年 4 月 10 日开始第 1 期建设，至 2014 年 10 月第 6 期建设竣工，环邛海将形成一条完整的翡翠玉带，邛海湿地将成为全国最大的城市湿地（邓东周等，2012）。

1. 第一期：观鸟岛湿地工程

观鸟岛湿地公园位于邛海西北岸，南及邛海宾馆北门，北达小海湿地，东括邛海岸线大片土地和湿地。西昌投资 5500 万元，其中建设资金 1500 万元，征地拆迁费 4000 万元，占地面积约 450 亩，于 2010 年 4 月 10 日动工建设，2010 年 7 月 1 日竣工开园，历时 80 天。该期湿地就地取景、依势造型、零距离亲水，形成 2.1km 海岸线湿地，具有亚热带风情区、海门桥渔人海湾区、生命之源区、祈福灵核心区、柳荫垂纶观鸟区五大功能区。

2. 第二期：梦里水乡湿地工程

梦里水乡湿地南起小海湿地，北至海河，东连邛海岸线，西至滨海路，占地面积 173hm²，其中陆地绿化面积为 18hm²，水生植物面积 19 hm²，水面面积 136 hm²，共有 81 个小岛。总投资 1.65 亿元（其中征地拆迁 1.31 亿元，恢复工程直接投资 3400 万元），于 2011 年 2 月 18 日动工，2011 年 6 月 29 日竣工开园。该期湿地主要包括生态防护林步行游览带、湿地水上游览观光带、植物园湿地区、白鹭滩水生植物观赏区和自然湿地修复区等"二带三区"，"五大"措施工程，实现自然湿地恢复区占总面积的 80%以上。"五大"措施：一是实施退塘还湖、退田还湖、退房还湖"三退三还"工程，扩大邛海水域面积——通过一、二期湿地恢复建设使邛海水域面积从 26.5km² 增加至 28.6km² 以上；二是实施浅滩清淤疏浚，扩大邛海库容；三是实施生物多样性工程，构筑自然生态立体景观和天然生态屏障，营造候鸟栖息地及野生动植物繁衍地；四是实施湿地基础设施建设工程，开展湿地保护宣传教育，为公众提供体验自然的休闲场所，提高生态保护意识；五是开展紫茎泽兰、水葫芦、水白菜等有害物种清除工程。

3. 第三期：烟雨鹭洲湿地工程

烟雨鹭州湿地位于市区东南部，地处邛海北岸，南临海河入海口，西靠观海桥，北沿规划环海步道，东接新沙滩，占地面积 235.2hm²，其中水域湿地面积 63hm²，陆域湿地面积 172.2hm²。总投资 10.5 亿元（其中征地拆迁、安置资金 6.5 亿元，工程建设资金 4 亿元），于 2012 年 2 月 10 日开工建设，同年 9 月竣工开园。工程按"一带、四区、三栖息地、多科研监测点"功能分区布局，即生态防护林带、宣教管护湿地区、生态利用湿地区、水质净化湿地区、近自然恢复湿地区、林灌鸟类栖息地、浅水涉禽类鸟类栖息地、深水游禽类鸟类栖息地、多个科研监测点。建设内容包括"一带二区 9 园 18 景"，即岛链禽鸟栖息保护带；湿地植物园、湿地宣教中心园、海星岛湿地园、土城河水质净化湿地园、农耕湿地园、珍稀植物园、缺缺河水质净化园、渔村湿地园、干沟河水质净化园；桂桥赏月、凭栏潇雨、百渚芳菲、月映长滩、炫彩瑶池、梅潮桐梳、鸟舞红菱、芳洲寻莺、广泽清流、芦荡飞雪、星岛远眺、落日洒金、林沼探秘、缤纷花境、桃坞观鱼、渔村夕照、逍遥水湾、蒹葭飞鹭。构建沼泽湖泊湿地、河流湿地、人工湿地三大湿地类型，4 个主要入口，三种游船航线。

该期湿地以我国南方鸟类栖息地重建为特色，突出生态教育、生态旅游、生物多样性保护、水环境保护等多种功能，将城市与邛海的距离缩短至 1km，是罕见的城中次生湿地。

4. 第四期：西波鹤影湿地工程

西波鹤影湿地南起邛海湾，北至邛海公园，东连邛海岸线，西至 108 国道，占地面积 117 hm²，总投资 2.6 亿元(其中征地拆迁 2 亿元，恢复工程投资 6000 万元)，于 2012 年 5 月开工建设，同年 9 月竣工开园。项目按"两带、三区、八节点"("两带"指滨湖亲水步道游览带和自行车驾游览观光带；"三区"指人文生态体验区、田园观光区、滨水休闲度假区；"八节点"指踏波栈道、五棵榕、梦回成昆、坐石观海、黄家湾、蛙溪、邛管会旧址、邛海湾)进行布局，旨在打造集游览观光、体验刺激、感悟文化、品味生活为一体的滨水景观。将亲水步道和自行车绿道合理分离、有机串连，形成了 5km 长的自行车、观光车绿道，5.5km 的亲水步道，沿自行车绿道和亲水步道安装了 260 多盏太阳能灯，300 多条石凳，沿线布局了观光车错车平台、生态停车场、星级厕所、凉亭、茶室、自行车租赁点、观光车换乘处等功能服务设施。标识标牌系统严格按照"5A 级旅游景区导览标识系统设计设置规范"，实施坚持"以人为本"的设计理念，选用防腐实木、花岗石石材等中高档天然材料，制作安装了 160 余个标识标牌及二十四节气文化石刻、楹联、坐石观海、神泉碑刻，以及精美的"邛海湿地"标志。

该期湿地集游览观光、休闲度假、健身体验、感悟文化、品味生活等功能为一体，充分展现"显山露水、突出生态、具有田园特色"的邛海风貌，把整个邛海西岸连接成一条充满活力的绿色景观链和生态动感走廊。

5. 第五期：梦寻花海湿地工程

梦寻花海湿地位于邛海东北岸，西起小渔村景点(与邛海湿地三期相连接)，东至现状环海路，北至规划环湖路以北的林带边缘，南至青龙寺以南 900m(与邛海湿地六期相连接)，规划面积约 556 hm²，概算总投资约 15.60 亿元。项目于 2013 年 12 月开工建设，2014 年 10 月竣工开园。建设内容：实施退塘、退田、退房还湖工程恢复湖滨湿地，包括邛海主绿道以内用地及海丰村、焦家村、赵家村部分低洼地，开展湖滨湿地生态恢复与保护，步道观光车道建设；截污管网、入湖河流治理；拆迁及安置房建设、节点建设、厕所、绿化水生植物种植等。

该期湿地将以邛海高原淡水湖泊自然湿地修复为立足点，以河口水土保持、生物多样性保护为特色，遵循国际重要湿地标准，以花为媒、以花点睛，在邛海东岸构筑起一条立体的生态保护屏障。

6. 第六期：梦回田园湿地工程

梦回田园湿地位于邛海南岸，东西长约 6km，西起海南乡缸窑村(邛海湾酒店)，东至海南乡核桃村(张家果园)，南以环湖路为界，规划面积约 267 hm²，项目总投资 21 亿元。项目于 2013 年 12 月开工建设，2014 年 10 月竣工开园。建设内容：实施退塘、退田、退房还湖工程恢复湖滨湿地，包括邛海主绿道以内用地及核桃村部分低洼地，开展湖滨湿地生态恢复与保护，步道观光车道建设；截污管网、入湖河流治理；拆迁及安置房建设、节点建设、厕所、绿化水生植物种植等。

该期湿地将按照"两轴、三带、六大旅游节点、六大现代农业种植示范区"布景，通过恢复滨水天然湿地，保留和改造农耕湿地等措施，建设高原淡水湖泊湿地修复和珍稀鱼类、鸟类栖息地重建的典范，打造湿地生态旅游精品景点、现代农业种植示范窗口。

7 邛海生物多样性保护现状

邛海处于青藏高原横断山区东缘,是四川境内最大天然湖泊,由于邛海是 200 万年前,地质运动形成的断陷湖,因此,在长期历史演进中,形成了高原湖泊独有的生物多样性,长期以来,人们对其生物多样性的研究是零星的,本书首次较全面地研究了邛海生物多样性。邛海对西昌地区生态建设、社会经济发展具有举足轻重的作用,其水生生态系统和动植物多样性保护是邛海可持续发展中最根本和最主要的任务。

7.1 生态系统多样性保护

7.1.1 生态系统类型

邛海流域分布着 5 种主要生态系统,即城镇生态系统、农业生态系统、森林生态系统、水生生态系统、湿地生态系统。其中森林生态系统和水生生态系统对邛海生物多样性保护起着重要作用(张宇等,2010;胡涛等,2015;陈开伟,2012)。

(1)城镇生态系统。以邛海环海公路连接邛海周边 6 个乡镇,构成城镇生态系统网络。该系统原生性自然环境已不存在,天然野生动、植物种类和资源贫乏。

(2)农业生态系统。邛海东面、北面、南面为主要的农业生产活动中心,以水稻为主、渔业为辅。

(3)森林生态系统。邛海西面是泸山。泸山林区面积为 9887hm²,主要是以云南松为主的飞播林,其纯林占 73%。泸山主要功能是涵养邛海水源,为野生动、植物栖息地,也是西昌主要的生态旅游地,对维持邛海环境质量发挥了重要作用。植被类型有亚热带常绿阔叶林和落叶阔叶林、亚热带常绿针叶林,整个泸山以针叶林为主。

(4)邛海水生生态系统。邛海属长江流域雅砻江水系,为安宁河支流海河的源头淡水湖泊。邛海形状如蜗牛,湖周有多条山溪小河和溪沟入湖。

(5)邛海湿地生态系统。

7.1.2 湿地功能

湿地生态系统作为全球最有价值和生产力最高的生态系统,通常由湿生、沼生和水生动植物、微生物及非生物因子所组成，各因子之间相互制约、相互影响，相互处于一个动态平衡的状态。邛海湖区湿地，处于水域和陆地的过渡地，因而具有许多对人类有重要作用的特殊功能。

(1)生物多样性的中心。湿地景观生态系统的景观边缘效应使其中的生物种类繁多，它为各生态系统的物种提供了良好的栖息地，因此，邛海湖盆区湿地是当地生物多样性的中心。

(2)食物链的支持者。湿地生态系统作为地球上生产力最高的生态系统之一，也是物质循环和能量流动最丰富的地区。物质和能量通过湿地绿色植物的光合作用进入生态系统，参与物质与能量的循环。邛海湖盆区湿地有许多高产的湿生植物，如芦苇、茭白、满江红、莲、丁香蓼等构成湿地景观生态系统的初级生产者，与初级消费者，如浮游动物、草食动物、底栖动勃等，通过牧食型食物链和碎屑型食物链，构成了湿地生态系统有机物质的循环。同时经流水作用，湿地养分和食物交替运出，使其处于动态平衡之中。研究资料表明：一般湿地生态系统每年平均生成的蛋白质为 9 g/m^2，为陆地生态系统平均值的3.5 倍。

(3)净化水质、提供水源。近几十年来，由于工农业发展，大量有毒、有害的物质以污水的形式进入水体，造成水体污染，引起水质恶化，淡水资源缺乏。由于湿地的特殊功能——其土壤颗粒可吸附部分有害特质，而湿地生态系统中丰富的生物资源尤其是根际微生物的旺盛活动，能截留大部分营养物质，降解相当数量的有机物，净化水质。并且由于湿地泥炭良好的持水性及质地黏重的不透水底层，使其具有巨大的蓄水能力，因此，邛海湖区湿地对邛海水环境的维持具有极其重要的作用。

(4)对气候的调节作用。由于湿地积水土壤和植被持水的蒸发和蒸腾作用，湿地能影响局部地区气候条件变化，使局部气温和降水量因气候条件而发生变化，邛海湖盆区湿地对西昌的气候调节和空气湿度的改善有良性作用。

(5)旅游、娱乐的场所。邛海-泸山 4A 级风景名胜区，吸引了大批中外游客，邛海湖盆区湿地旅游资源的开发对凉山州的旅游事业发展将产生直接的经济效益和社会效益。邛海湖盆区湿地还是国内著名的水上运动训练基地。

7.1.3 保护现状

邛海具有我国特有的和珍贵的湿地类型。邛海为乌蒙山和横断山边缘断裂陷落形成的湖泊湿地，具有相对闭合的地理环境特征，其汇水面山-湖岸-湖滨-湖盆的形态特征具有典型性，是我国特有的西南地区封闭半封闭湿地类型，是城市周边弥足珍贵的自然湿地。以邛海-泸山国家级风景名胜区为主体，保护湿地和野生动物栖息地，维护邛海自然生态过程，实现湿地恢复和野生动物就地保护。保护邛海生物多样性最有效的方法就是就地保护邛海动植物赖以生存的自然环境。邛海是四川第二大的天然高原淡水湖泊，邛海湿地突出的优势在于其独特的"多方兼容"的区位条件和特殊的生态价值，属于高原淡水湖泊自然生态系统。

随邛海湿地第 1~6 期建设的完成，邛海湿地面积已达到 1334hm²。邛海面积从 2009年的 26.8km²，恢复到 2016 年的 34km²。其湿地的原生性得到较大的恢复，湿地功能增强，使邛海生物物种和生境得到了恢复性保护，使邛海冬候鸟景观，水生植物景观增多，生态系统再生能力增强，邛海整体景观质量、环境质量上升。

7.2　生物多样性保护

7.2.1　物种多样性保护

邛海是西昌地区物种丰富度高的区域，其区内泸山的高等植物有 100 余科 300 余属400 余种，水生高等植物 40 余种，藻类 93 种，浮游动物 30 种，底栖动物 32 种，鱼类有40 种，鸟类有 284 种。由于邛海是四川境内最大的天然湖泊，因此，邛海生态系统多样性较好，较好地保护了邛海物种，这是生境与栖息环境的多样性的结果。

7.2.2　野生动植物就地保护

邛海湿地位于国家级风景名胜区"邛海-螺髻山风景名胜区"内，是该风景名胜区的核心区域，具有丰富多样的生物多样性和各类景观，是我国高原内陆地区水禽候鸟的栖息、繁衍和越冬的重要区域之一，是我国南方候鸟的重要栖息地之一，也是候鸟迁徙的中转驿站。邛海流域的鸟类以自然招引为主，人工引进为辅，为此，就地保护将重点放在为邛海鸟类创造理想的栖息环境之上。建立封闭、半封闭的候鸟栖息地，封闭区为鸟类栖息地岛链，半封闭区为近自然恢复湿地区和其他鸟类比较集中的区域。

邛海植物作为整个邛海湿地生态系统的初级生产者。在整个生态系统食物网的构成和生态链的完善方面起着基础性作用，对整个生态系统生态功能的发挥和生物多样性的维持起着举足轻重的作用。保护、恢复和重建邛海湿地生态系统，首先应该保护和恢复邛海湿地植被。为此，就地保护邛海自然原生的水生植物群落。尽量遵循自然湿地中群落稳定后的植物组成及比例构建植物群落；借鉴原有植物群落的乔木组成，配置中生、湿生的乔灌草，水塘和水边植物群落应以湿生和水生的植物群落为主，临水坡岸配置湿生的乔灌木。在植物空间、色彩、立意方面做最佳配置设计；适当采用水平混交技术，引进生物学习性有差异的乔灌木，引导单一植物群落向多种类、多径级的混交群落转变；采取垂直混交技术，引导单层植物群落向复层植物群落过渡。

7.3 珍稀物种或濒危物种保护

7.3.1 珍稀鸟类

邛海湿地位处国家级风景名胜区"邛海-螺髻山风景名胜区"内。邛海是风景名胜区的核心景区,具有丰富多样的生物多样性和各类景观,是我国高原内陆地区水禽候鸟的栖息地,繁衍和越冬的重要区域之一,也是候鸟迁徙的中转驿站。邛海流域的鸟类将以自然招引为主,人工引进为辅,为此,就地保护将重点放在为邛海鸟类创造理想的栖息环境之上。建立封闭、半封闭的候鸟栖息地,封闭区为鸟类栖息地岛链,半封闭区为近自然恢复湿地区和其他鸟类比较集中的区域。由于邛海湿地恢复工程所处区域是邛海多种珍稀鸟类的现状主要栖息地。因此,邛海湿地符合《湿地公约》第二条"特别是具有水禽生境意义的地区岛屿或水体"的规定,满足国际重要湿地名录鉴定标准中"基于水禽的特定指标"。

邛海及其流域为冬候鸟的越冬提供了良好的食物、休息、避敌等环境条件,有国家一级保护鸟类 1 种——中华秋沙鸭(见附录 18);有二级保护鸟类彩鹮、鸳鸯、燕隼、红隼、血雉、白腹锦鸡、灰鹤、雀鹰、苍鹰、松雀鹰、凤头鹰等 11 种;四川省重点保护鸟类 9 种,主要包括小䴙䴘、黑颈䴙䴘、凤头䴙䴘、普通鸬鹚、紫背苇鳽、红胸田鸡、黑水鸡、水雉、粟斑杜鹃等。国家保护的有益的或者有重要经济、科学研究价值的鸟类 138 种。

7.3.2 特有土著鱼类

邛海的土著鱼类共有 20 种(含亚种),分隶 5 目 8 科 20 属,有 20 种外来鱼类,分属 5 目 14 科 19 属。土著鱼类中以鲤科的种类最多,有 11 种,其次为鳅科 3 种,余下鲇科、鳢科、鲀头鮊科、青鳉科、合鳃鱼科、鳢科各 1 种。外来鱼类以亚科的种类最多,有 4 种。邛海鲤、邛海白鱼和邛海红鲌是邛海湖内的特有种。邛海为邛海鲤、邛海白鱼、邛海红鲌等特有物种提供了独一无二的生境,在生物多样性保育中具有不可替代性。邛海湿地支持着 70%以上的土著鱼类属、种或亚种的生活史阶段,官坝河口、小清河口、鹅掌河口及其湖湾是邛海白鱼、邛海红鲌等特有鱼类的重要觅食、产卵和保育场所。

7.3.3 珍稀名木古树

邛海-泸山国家级风景名胜区独特的自然地理条件和特殊的宗教环境,使古树名木、稀有植物得以保存繁衍。在邛海-泸山国家级风景名胜区内有国家二级保护树种-西昌黄杉 3 株,该树为濒危种,是四川省特有树种,分布范围极其狭窄。景区内共有百年以上古树 100 余株,其中柏树 38 株,黄葛树 43 株,黄连木 8 株,皂荚 5 株,无患子、桂花树各 2 株,清香木、朴树、紫薇各 1 株。邛海为二级保护植物野菱提供了栖息生境,引种的二级保护树种有攀枝花苏铁、银杏。尤其是泸山光福寺的古汉柏最为珍贵，是一级保护古树，树围 8.5m，状如盘龙，苍劲挺拔，是罕见的活化石（见附录 18）。

邛海湖盆区湿地树木中，有较大观赏价值物种有 51 种，还有果树 13 种，根据其观赏性特点，将邛海湖盆区湿地树木观赏资源适宜配置的类型划分为：以独赏树为目的的观树姿类型，如黄连木、水杉、银杏、苏铁等；以观果形状和色彩为目的的观果类型，如柿、石榴等；以观花形状与色彩为目的观花类型，如荷花玉兰、三角梅、紫藤等；以观叶色彩为目的的观叶类型，如一品红、中华红叶等；以观群植景观效果为目的观群相类型，如杨树、柳树、圣柳等；以观秋色叶景观为目的的秋色叶树种，如山乌桕、黄连木、南天竺等。邛海湖盆区湿地已登记的 51 种有较大观赏价值的树种和 13 种果树中，观群相树种 24 种，观树姿树种 9 种，观果树种 13 种，观秋色叶树种 2 种，观花树种 12 种。多样性的观赏特征，为邛海湖盆区湿地恢复和重建过程中景观的营造提供了丰富的素材。

7.4 生态系统本土性保护

7.4.1 入侵生物统计

邛海物种多样性具有脆弱一面，也受到生物入侵，据统计邛海被入侵较严重的生物种类有 7 种（见表 7-1）。

表 7-1 邛海湖盆区湿地外来入侵物种名录

科名	中文名	学名	原产地
苋科（Amaranthaceae）	空心莲子草	*Alternanthera philoxeroides*	南美洲
天南星科（Araceae）	大藻	*Pistia stratiotes*	南美洲
菊科（Compositae）	紫茎泽兰	*Eupatorium Adenophorum*	中美洲
雨久花科（Pontederiaceae）	凤眼莲	*Eichhornia crassipes*	南美洲
马鞭草科（Verbenaceae）	马缨丹	*Lantana camara*	热带美洲
两栖类（Reptiles）	牛蛙	*Rana catesbeiana*	北美
软体动物（Mollusks）	福寿螺	*Pomacea canaliculata*	巴西

7.4.2 外来物种入侵途径

一是人为有意引种。过去作为饲料引入：如空心莲子草、凤眼莲等；作为观赏物种引入，如马缨丹等；作为经济目的引入，如牛蛙、福寿螺等。

二是自然扩散。外来入侵植物种种子或繁殖体凭借风或动物的力量实现自然传播；也可以先在周边国家归化，然后再通过风力、水流、气流及动物等因素实现自然扩散。邛海湖盆区湿地该类入侵物种主要有紫茎泽兰。

7.4.3 入侵物种的危害

一是破坏邛海湖盆区湿地自然生态系统，使生态系生物多样性降低。

二是导致湿地景观破碎化，破坏景观的自然性和完整性。外来入侵物种的入侵破坏邛海湖盆区湿地自然植被，使原先的自然生态景观破碎化，景观的自然性和完整性受到破坏。例如：紫茎泽兰入侵邛海湖盆区湿地后，在河岸、湖滩、路边、塘堤等地生长旺盛，常常形成优势群落，使原有的天然植被景观基本消失。入侵的凤眼莲生长在湖湾和池塘，其生长地段，原生的眼子菜、野菱、金鱼藻等原生植物种类不见了踪迹；岸边、潮湿地和沼泽地里，空心莲子草强势生长，常形成单优群落，当地的草本植物很少再有生存的空间……外来物种的入侵导致景观破碎化的同时，也影响到生物种群的迁入率和灭绝率，加剧了邛海湖盆区湿地生物多样性的丧失。

7.4.4 生态恢复及对入侵生物的防治

1. 生态恢复建设

2002～2009 年，我们初步调研查明邛海湿地植物有 61 科 250 余种。根据邛海湿地植被类型把邛海沼泽湿地分为 3 种类型的湿地和 5 种湿地生态系统，即草本沼泽湿地、灌丛沼泽湿地、森林沼泽湿地等 3 种湿地类型和环湖生态系统、湖洲草滩生态系统、湖岸带生态系统、浅水层生态系统、深水层生态系统等 5 种湿地生态系统。2009 年邛海面积仅有的 $26.8km^2$，湿地仅零星分布。

邛海湿地恢复第一期工程于 2010 年 4 月启动，7 月 1 日竣工。西昌投资 5500 万元，其中建设资金 1500 万元，征地拆迁费 4000 万元，建成占地 $30hm^2$ 的邛海湿地恢复第一期工程"观鸟岛湿地"。

邛海湿地恢复第二期工程于 2011 年 2 月启动，6 月 29 日竣工，西昌又投资 1.65 亿元，其中征地拆迁 1.31 亿元，工程建设 3400 万元，建成面积 $173hm^2$ 的邛海湿地恢复第二期工程"梦里水乡湿地"，完成了"二带三区"布局。"二带"为湿地生态防护林步行游览带和湿地水上游览观光带，"三区"为植物园湿地区、白鹭滩水生植物观赏区、自然湿地修复区。

邛海湿地恢复第三、四期工程分别于 2012 年 2 月和 5 月启动，9 月同时竣工开园。邛海第三期湿地——烟雨鹭洲湿地总投资 10.5 亿元，位于邛海北岸，总面积 $235.2hm^2$。邛海第四期湿地——西波鹤影湿地总投资 2.6 亿元，位于邛海西岸，总面积 $117hm^2$，布局为：沿海滨水上游览带；湖滨亲水步道和自行车绿道；人文生态游览区、自然生态观光区和滨水活力休闲区。

邛海第五期湿地——梦寻花海湿地，规划面积约 556 hm^2，概算总投资约 15.60 亿元。项目于 2013 年 12 月开工建设，2014 年 10 月竣工开园。该期湿地将以邛海高原淡水湖泊自然湿地修复为立足点，以河口水土保持、生物多样性保护为特色，遵循国际重要湿地标准，以花为媒、以花点睛，在邛海东岸构筑起一条立体的生态保护屏障。

邛海第六期湿地——梦回田园湿地，规划面积约 267 hm^2，项目总投资 21 亿元。项目于 2013 年 12 月开工建设，2014 年 10 月竣工开园。该期湿地将按照"两轴、三带、六大旅游节点、六大现代农业种植示范区"布景，通过恢复滨水天然湿地，保留和改造农耕湿地等措施，建设高原淡水湖泊湿地修复和珍稀鱼类、鸟类栖息地重建的典范，打造湿地生态旅游精品景点、现代农业种植示范窗口。

2. 对入侵生物的防治

开展邛海水葫芦和水白菜控制和打捞工作，近三年共组织 30 000 多人次，打捞水葫芦和水白菜 35000 多吨，有效防止了有害水生物种对邛海的危害。

7.5　生物多样性保护制度化

7.5.1　管理保障

在邛海管理工作中，通过认真贯彻执行《中华人民共和国水法》《中华人民共和国森林法》《中华人民共和国野生动物保护法》《野生植物保护条例》《国家风景名胜区条例》《四川省风景名胜区条例》等国家、省级法律法规和饮用水源保护的相关要求，制定地方保护管理条例及实施办法，逐步建立健全管理机构，使邛海管理逐步实现制度化、规范化、程序化。

1. 制定地方条例及管理办法

制定《邛海保护管理条例》及《西昌市人民政府〈凉山彝族自治州邛海保护条例〉实施细则》。1997 年 6 月四川省人大常委会颁布了《邛海保护管理条例》（下文简称《条例》），1998 年 4 月，西昌市人民政府结合实际制定了《西昌市人民政府〈凉山彝族自治州邛海保护条例〉实施细则》，并于同年 5 月起施行。《条例》对邛海的监督与管理、保护治理要求、奖励与处罚作了规定，确定了"严格保护，综合防治，全面规划，统一管理，合理开发，永续利用"的保护管理邛海方针。

2. 建立健全管理机构

已设立邛海泸山管理局。邛海泸山管理局为专门管理机构，属县级综合协调管理部门，市环保、规划、建委、国土、林业、旅游、公安等部门在各自职责范围内协调配合。管理局下设办公室、环境保护科、交通安全渔政科、执法大队、景区服务中心和旅游科 6 个部门。环境保护科负责景区内环境保护工作，宣传贯彻执行国家和地方环境保护的法律、法规和方针政策，普及环境保护法规和环境科学知识，执行国家和省颁布的各类环境标准；制定邛海保护中长期规划和年度计划，并组织实施；负责查处景区内捕猎野生动物和破坏野生动植物生境的行为，负责建设项目环境影响评价制度和"三同时"制度的落实、污染防治工作和环境污染案件及纠纷的查处；配合州、市环境监测部门开展邛海水质例行监测、生物多样性保护和景区内污染源监督性监测工作；负责协助州、市环境监察部门查处区域内的重大环境污染违法案件。

7.5.2　科研保障

凉山州、西昌市环保局已长期开展邛海水环境质量监测工作，建立了统一和协同的水资源、水环境和水生态监测共享平台。统筹考虑水环境和水生态需求，针对不同水期和不同水域，提出入湖河流、湖区水位、水深、水土流失的水资源监测方案。根据水污染防治要求，合理确定水环境常规监测点位的数量、位置和监测指标，提出自动监测方案。通过建立邛海水生态系统监测站，对其水生态系统进行监测，推进湖区专项监控能力建设，以卫星遥感与地面监测相结合为主要方式，对邛海的鱼类、浮游生物、水生植物等主要水生态指标实施监测。

在西昌学院四川高原湿地生态与环保应用技术重点实验室建设的基础上，由西昌学院、邛海泸山管理局和西昌市教科局共同建立了邛海湿地研究中心。在过去对邛海水生动植物群落和水生态环境的基础研究上，对邛海水环境质量状况的评价和对邛海流域污染源的全面调查，已形成稳定的研究方向和自身特色的研究体系，特别是在邛海水生动植物群落、水生态环境、邛海鸟类研究等方面具有优势和特色，具有扎实的研究基础，并且项目支撑。该中心主要研究方向和主要研究内容如下：根据邛海湿地发展需要，围绕邛海湿地水生生物学与水生生态系统，邛海湿地鸟类栖息地重建，科普教育、环境教育、生态文明教育基地，邛海湿地环境质量，国家生态旅游示范基地等目标，以基础研究为主，向应用基础研究和应用研究延伸，瞄准学科前沿，将常规技术与生物技术相结合，分别从生态系统水平、群体水平、物种水平、细胞水平和分子水平方面进行研究。

附录 1 邛海湖盆区湿地树木名录

	植物名	习性	来源	生长环境	观赏性状
1	南洋杉 *Araucaria cunninghamii* Sweet	常绿乔木	引种	水边	树姿
2	苏铁 *Cycas revoluta* Thunb.	常绿小乔木	引种	水边	树姿
3	攀枝花苏铁 *Cycas panzhihuaensis* L.	常绿小乔木	引种	水边	树姿
4	银杏 *Ginkgo biloba* L.	落叶乔木	引种	水边	树姿
5	水杉 *Metasequoia glyptostroboides* Hu et.Cheng	落叶乔木	引种	水边	树姿
6	桧柏 *Sabina chinensis*	常绿乔木	引种	水边	群相
7	侧柏 *Platyciadus orientalis*（L.）Franco	常绿乔木	原生栽培	水边	群相
8	荷花玉兰 *Magnolia grandiflora* L.	落叶乔木	引种	水边	观花、绿化
9	白兰花 *Michelia alba* DC.	落叶乔木	引种	水边	观花、绿化
10	云南柳 *Salix cavaleriei* Levl.	落叶乔木	原生栽培	浅水、水边	护岸、绿化、群相
11	龙爪柳 *Salix matsudana* var. *tortuosa*（Vilm.）Rehd.	落叶乔木	原生栽培	浅水、水边	护岸、绿化、群相
12	垂柳 *Salix babylonica* L.	落叶乔木	原生栽培	水边、沼泽	护岸、绿化、群相
13	旱柳 *Salix matsudana* Koidz.	落叶乔木	原生栽培	浅水、水边	护岸、绿化、群相
14	冬瓜杨 *Populus purdomii* Rehd.	落叶乔木	造林引种	水边、沼泽	绿化、群相
15	响叶杨 *Populus adenopoda* Maxim	落叶乔木	造林引种	水边、沼泽	绿化、群相
16	滇杨 *Populus yunnanensis* Dode	落叶乔木	原生栽培	水边、沼泽	绿化、群相
17	中华红叶杨 *Populus deltoides* cv. zhonghuahongye	落叶乔木	引种	水边、沼泽	绿化、群相
18	黄葛树 *Ficus virens* Aiton	常绿乔木	原生	水边	树姿
19	桑 *Morus alba* L.	落叶灌木	原生	水边	野生
20	印度橡胶树 *Ficus elastica* Roxb.	常绿乔木	引种	水边	群相
21	小叶榕 *Ficus microcarpa*	常绿乔木	引种	水边	群相
22	垂叶榕 *Ficus benjamina* L.	常绿乔木	引种	水边	群相
23	构树 *Broussonetia papyrifera*	落叶乔木	原生	水边	野生
24	梨 *pyrus* spp.	落叶乔木	栽培	水边	果树
25	苹果 *Malus pumila* Mill.	落叶乔木	栽培	水边	果树
26	桃 *Amygdalus persica* L.	落叶乔木	栽培	水边	果树
27	李 *Prunus salicina* L.	落叶乔木	栽培	水边	果树
28	枇杷 *Eriobotrya japonica* Lindl	落叶乔木	栽培	水边	果树
29	象牙红 *Erythrina corallodendron*	落叶乔木	引种	水边	观花、绿化
30	龙爪槐 *Sophora japonica* f.pendula Hort.	常绿灌木	引种	水边	树姿、观花

	植物名	习性	来源	生长环境	观赏性状
31	紫藤 *Wisteria sinensis*	落叶藤本	引种	水边	观花
32	合欢 *Albizia julibrissin* Durazz.	落叶乔木	原生	水边	树姿、观花
33	枣 *Ziziphus jujuba* Mill.	落叶乔木	栽培	水边	果树
34	拐枣 *Hovenia dulcis*	落叶乔木	栽培	水边	果树
35	花椒 *Zanthoxylum bungeanum* Maxim.	落叶乔木	栽培	水边	果树
36	柽柳 *Tamarix chinensis* Lour.	落叶乔木	引种	水边	护岸、树姿、群相
37	大叶桉 *Eucalyptus robusta* Smith	落叶乔木	引种	水边	绿化
38	直杆蓝桉 *Eucalyptus maidenii* F.V.Muell.	落叶乔木	引种	水边	绿化
39	小叶桉（别名窿缘桉）*Eucalyptus exserta* F. V. Muell.	落叶乔木	引种	水边	绿化
40	红千层 *Callistemon rigidus* R.Br.	落叶乔木	引种	水边	观花、绿化
41	麻栎 *Quercus acutissima* Carruth.	落叶乔木	原生	水边	野生
42	栓皮栎 *Quercus variabilis* Bl.	落叶乔木	原生	水边	野生
43	板栗 *Castanea mollissima* Bl.	落叶乔木	栽培	水边	果树
44	胡桃（别名核桃）*Juglans regia* L.	落叶乔木	栽培	水边	果树
45	枫杨 *Pterocarya stenoptera* C. DC.	落叶乔木	原生	水边	群相
46	柿 *Diospyros kaki* Thunb.	落叶乔木	栽培	水边	果树
47	君迁子 *Diospyros lotus* L.	落叶乔木	原生或栽培	水边	野生
48	夹竹桃 *Nerium indicum* Mill.	常绿灌木	引种	水边	观花、绿化
49	白花夹竹桃 *Nerium indicum* Mill. cv. Paihua	常绿灌木	引种	水边	观花、绿化
50	石榴 *Punica granatum* L.	落叶灌木	栽培	水边	果树
51	无患子 *Sapindus mukorossi* Gaertn	落叶乔木	原生	水边	群相
52	三角梅 *Bougainvillea spectabilis* Willd.	常绿灌木	引种	水边	观花、绿化
53	一品红 *Euphorbia pulcherrima* Willd.	常绿乔木	引种	水边	观叶
54	山乌桕 *Sapium discolor* (Champ. ex Benth.) Muell. Arg.	落叶乔木	原生	水边	观叶
55	油橄榄 *Olea europaea*	常绿乔木	引种	水边	绿化
56	女贞 *Ligustrum lucidum*	常绿乔木	原生栽培	水边	绿化、群相
57	香樟 *Cinnamomum camphora*	常绿乔木	原生栽培	水边	绿化、群相
58	马樱丹 *Lantana camara*	常绿灌木	外来入侵	水边	观花
59	黄杨 *Buxus sinica*	常绿灌木	引种	水边	群相
60	紫薇 *Lagerstroemia indica*	落叶乔木	引种	水边	观花
61	苦楝 *Melia azedarace* L.	落叶乔木	原生栽培	水边	绿化、群相
62	马桑 *Coriaria nepalensis* Wall.	落叶灌木	原生	水边	野生
63	蒲葵 *Livistona chinensis* (Jacq.) R. Br.	常绿乔木	引种	水边	树姿、群相
64	假槟榔 *Archontophoenix alexandrae* (F. Muell.) H. Wendl. et Drude	常绿乔木	引种	水边	树姿、群相

续表

	植物名	习性	来源	生长环境	观赏性状
65	鱼尾葵 *Caryota ochlandra* Hance	常绿乔木	引种	水边	树姿
66	棕树 *Trachycarpus fortunei*	常绿乔木	原生栽培	水边	群相
67	美丽针葵 *phoenix loureirii*	常绿灌木	引种	水边	群相
68	凤凰竹 *Bambusa glaucescens*（Willd.）Sieb.ex Munro	常绿灌木	引种	水边	群相
69	慈竹 *Neosinocalamus affinis*（Rendle）Keng f.	常绿灌木	原生栽培	水边	群相
70	凤尾竹 *Bambusa multiplex*（Lour.）Raeuschel	常绿灌木	引种	水边	群相
71	黄连木 *Pistacia chinensis* Bunge	落叶乔木	原生栽培	水边	树姿
72	柑橘 *Citrus reticulata* Blanco	落叶乔木	栽培	水边	果树
73	粗糠树 *Ehretia macrophylla* Wall.	落叶乔木	原生	水边	观花（香）
74	南天竹 *Nandina domestica* Thunb.	落叶灌木	原生栽培	水边	观叶

注：①浅水指水深 1~1.5m 的淹水区域；②水边指土壤含水量大于等于田间持水量但不淹水的区域；③沼泽指地表多年积水或土壤过湿的地段，其上主要生长着沼生植物，其下有泥炭堆积或土壤具有明显的潜育层的区域。

附录 2 邛海浮游植物名录

门	属	种
蓝藻门 Cyanophyta	颤藻属 Oscillatoria	颤藻 Oscillatoria sp.
		巨颤藻 O.princeps
		弱细颤藻 O.tenuis
	胶鞘藻属 Phormidium	粘液胶鞘藻 P.mucicola
		胶鞘藻 Phormidium sp.
		细胶鞘藻 P.tenue
	念珠藻属 Nostoc	念珠藻 Nostoc sp.
	鱼腥藻属 Anabaena	近亲鱼腥藻 A.affinis
		鱼腥藻 Anabaena sp.
	鞘丝藻属 Lyngbya	鞘丝藻 L.plicata
	色球藻属 Chroococcus	色球藻 C.splendidus
	束毛藻属 Trichodesmium	束毛藻 Trichodesmium sp.
	蓝纤维藻属 Dactylococcopsis	蓝纤维藻 Dactylococcopsis sp.
		无常蓝纤维藻 D.irregularis
		针状蓝纤维藻 D.acicularis
	微囊藻属 Microcystis	微囊藻 M.aeruginosa
	肾胞藻属 Nephrococcu	密集肾胞藻 N.confertus
	平裂藻属 Merismopedia	细平裂藻 M.minima
		点形平裂藻 M.punctata
		点状平裂藻 M.punctata
		华美平裂藻 M.elegans
		蓝绿平裂藻 M.glauca
		平裂藻 Merismopedia sp.
硅藻门	曲壳藻属 Achnanthes	短小曲壳藻 A.exigua
	脆杆藻属 Fragilaria	钝脆杆藻 F.capucina
	双菱藻属 Surirella	华美双菱藻 S.Robusta var.splendida
	冠盘藻属 Stephanodiscus	冠盘藻 Stephanodiscus sp.
	小环藻属 Cyclotella	小环藻 Cyclotella sp.
		星形库氏小环藻 C. Kiitzingiana var.planetophora Fricke
	菱形藻属 Nitzschia	针状菱形藻 N.acicularis
		披针菱形藻 N.lanceolata
	星杆藻属 Asterionella	细星杆藻 A.gracillima
		美丽星杆藻 A.formosa
	针杆藻属 Synedra	针杆藻 S.tabulata

门	属	种
		近似针杆藻 *S.affiinis*
硅藻门	直链藻属 *Melosira*	颗粒直链藻 *M.granulata*
		直链藻 *Melosira* sp.
		极小直链藻 *M.pusilla*
	异端藻属 *Gomphonema*	异端藻 *Gomphonema* sp.
	桥弯藻属 *Cymbella*	箱形桥弯藻 *C.cistula*
		肿胀桥弯藻 *C.turgida*
		舟形桥弯藻 *C.naviculiformis*
		桥弯藻 *Cymbella* sp.
		偏肿桥弯藻 *C.ventricosa*
	羽纹硅藻属 *Pinnularia*	羽纹硅藻 *P.brebissonii*
	双缝藻属 *Gyrosigma*	狭双缝藻 *G.attenuatum*
	舟形藻 *Navicula*	细小舟形藻 *N.gracilis*
		隐头舟形藻 *N.cryptocephala*
		淡绿舟形藻 *N.viridula*
		舟形藻 *Navicula* sp.
甲藻门	角甲藻属 *Ceratium*	飞燕角甲藻 *C.hirundinella*
	光甲藻属 *Peridinium*	极小多甲藻 *P.pusillium*
		腰带多甲藻 *P.cinctum*
	光甲藻属 *Glenodinium*	腰带光甲藻 *G.cinctum*
		光甲藻 *Glenodinium* sp.
隐藻门	隐藻属 *Cryptomonas*	倒卵形隐藻 *C.obovata*
		卵形隐藻 *C.ovata*
		马氏隐藻 *C.Marssonii*
		啮蚀隐藻 *C.erosa*
		素隐藻 *C.paramaecium*
		隐藻 *Cryptomonas* sp.
	蓝隐藻属 *Chroomonas*	尖尾蓝隐藻 *C.acuta*
		洛式蓝隐藻 *C.nordstedtii*
裸藻门	裸藻属 *Euglena*	变形裸藻 *E.variabilis*
		尖尾裸藻 *E.oxyuris*
		具尾裸藻 *E.caudata*
		绿色裸藻 *E.viridis*
		裸藻 *Euglena* sp.
		三星裸藻 *E.tristella*
		弯曲裸藻 *E.geniculata*
		细小裸藻 *E.gracilis*
		鱼形裸藻 *E.pisciformis*
		针形裸藻 *E.acus*
	扁裸藻属 *Phacus*	扁裸藻 *Phacus* sp.

续表

门	属	种
裸藻门	囊裸藻属 *Trachelomonas* 鳞孔藻属 *Lepocinclis*	侧游扁裸藻 *P.pleuronecte*s 具尾扁裸藻 *P.caudatus* 深绿囊裸藻 *F.euchlora* 椭圆鳞孔藻 *L. steinii*
金藻门	锥囊藻属 *Dinobryon* 黄群藻属 *Synura* 金粒藻属 *Chrysococcus*	分岐锥囊藻 *D. divergens* 花环锥囊藻 *D. sertularia* 锥囊藻 *Dinobryon* sp. 密集锥囊藻 *D. sertularia* 葡萄黄群藻 *S. uvella* 黄群藻 *Synura* sp. 双隐孔金粒藻 *C. diaphanus*
绿藻门	鼓藻属 *Cosmarium* 角星鼓藻属 *Staurastrum* 衣藻属 *Chlamydomonas* 栅藻属 *Scenedesmus*	凹凸鼓藻 *C. impressulum* 贝氏鼓藻 *C. Boeckii* 鼓藻 *Cosmarium* sp. 颗粒鼓藻 *C. granatum* 方形鼓藻 *C. quadrum* 梅尼鼓藻 *C.meneghinii* 肾形鼓藻 *C. reniforme* 圆形鼓藻 *C. circulare* 珠饰鼓藻 *C. margaritiferum* 四角星鼓藻 *S. kuadrangulare* 大角星鼓藻 *S. grande* 多棘角星鼓藻 *S. arctiscon* 尖刺角星鼓藻 *S. apiculatum* 具齿角星鼓藻 *S. indentatum* 小角星鼓藻 *S. gracile* 厚变角星鼓藻 *S. natator* 洞孔衣藻 *C. pertusa* Chod 戴氏衣藻 *C. debaryana* Gorosch 卵形衣藻 *C. ovalis* Pasch 球状衣藻 *C. globosa* Snow 网状衣藻 *C. reticulate* Gorosch 甲栅藻 *S. armatus* 尖细栅藻 *S. acuminatus* 具刺四尾栅藻 *S. quadricauda* 二形栅藻 *S. dimorphus* 双对栅藻 *S. bijuga* 双对栅藻交错变种 *S. Bijuga* var. *alternans* 双列栅藻 *S. arcuatus* 四尾栅藻 *S. quadricauda*

门	属	种
		弯曲栅藻 *S. arcuatus*
		斜生栅藻 *S. obliquus*
		椭圆栅藻 *S. ovalternus*
		柱状栅藻 *S. bijuga*
		美丽新月鼓藻 *C. venus*
		中型新月鼓藻 *C. intermedium*
	新月鼓藻属 *Closterium*	新月鼓藻 *Closterium* sp.
		小新月鼓藻 *C. parvulum*
		月牙新月藻 *C. cynthia*
		库氏新月藻 *C. kuetzingii*
		十二单突盘星藻 *P. simplex* var. *duodenarium*
		二角盘星藻纤细变种 *P. duplex* var.*gracillimum*
		二角盘星藻 *P. duplex*
		岐射盘星藻 *P. biradiatum*
		长角岐射盘星藻 *P. biradiatum* var.*longicornutum*
绿藻门	盘星藻属 *Pediastrum*	包氏盘星藻 *P. boryanum*
		双突盘星藻 *P. duplex*
		斯氏盘星藻 *P. sturmii*
		四角盘星藻 *P. tetras*
		四角盘星藻四齿变种 *P. tetras* var. *tetraodon*
		整齐盘星藻 *P.integrum*
		格孔盘星藻 *P. clathratum*
		盘星藻 *Pediastrum* sp.
		四角十字藻 *C. quadrata*
		窗形十字藻 *C. fenestrata*
	十字藻属 *Crucigenia*	四足十字藻 *C. tetrapedia*
		十字藻 *Crucigenia* sp.
		顶锥十字藻 *C. apiculata*
		直角十字藻 *C. rectangularis*
		四角藻 *Tetraedron* sp.
		尾四角藻 *T. caudatum*
	四角藻属 *Tetraedron*	微小四角藻 *T. minimum*
		异态四角藻 *T. enorme*
		膨胀四角藻 *T. tumidulum*
		三棘四角藻 *T. trigonum*
		小型卵囊藻 *O. parva*
		柱状卵囊藻 *O. pandriformis*
	卵囊藻属 *Oöcystis*	卵囊藻 *Oöcystis* sp.
		单球卵囊藻 *O. eremosphaeria*
		湖生卵囊藻 *O. lacustris*

续表

门	属	种
	胶球藻属 *Gloeocapsa*	最小胶球藻 *G. minima*
		膨胀胶球藻 *G. turgida*
		池生胶球藻 *G. limnetica*
	肾形藻属 *Nephrocytium*	肾形藻 *N. agardhianum*
		橄榄肾形藻 *Nephrocytium* sp.
		新月肾形藻 *N. lunatum*
	网球藻属 *Dictyosphaerium*	肾形网球藻 *D. reniforme*
	空星藻属 *Coelastrum*	鼻突空星藻 *C. proboscideum*
		空星藻 *C. sphaericum*
		球状空星藻 *C. sphaericum*
	球囊藻属 *Sphaerocystis*	球囊藻 *S. schroeteri*
	芒球藻属 *Planktosphaëria*	芒球藻 *P. gelatinos*
	网球藻属 *Dictyosphaerium*	美丽网球藻 *D. ehrenbergianum*
	空球藻属 *Eudorina*	空球藻 *E. elegans*
	实球藻属 *Pandorina*	实球藻 *P. morum*
		华丽实球藻 *P. charkoviensis*
绿藻门	顶棘藻属 *Chodatella*	纤毛顶棘藻 *C. ciliata*
		多刺顶棘藻 *Chodatella* sp.
		顶棘藻 *Chodatella* sp.
	月形藻属 *Closteridium*	月形藻 *C. lunula*
	浮球藻属 *Planktosphaeria*	浮球藻 *P. gelatinosa*
	杂球藻属 *Pleodorina*	杂球藻 *P. californica*
	四集藻属 *Palmella*	粘四集藻 *P. Mucosa*
	集星藻属 *Actinastrum*	集星藻 *A. hantzschii*
	小球藻属 *Chlorella*	普通小球藻 *C. vulgaris.*
		椭圆小球藻 *C. ellipsoidea*
	月牙藻属 *Selenastrum*	毕氏月牙藻 *S. bibraianum*
		月牙藻 *Selenastrum* sp.
	四棘藻 *Treubaria*	三刺四棘藻 *T. triappendiculata*
		粗刺四棘藻 *T. crassispina*
	四胞藻属 *Tetraspora*	四胞藻 *Tetraspora* sp.
	绿球藻属 *Chlorococcum*	绿球藻 *C. humicola*
	多芒藻属 *Golenkinia*	放射多芒藻 *G. radiata*
	四鞭藻属 *Carteria*	多毛素四鞭藻 *C. multifilis*
	并联藻属 *Quadrigula*	柯氏并联藻 *Q. chodatii*
	韦氏藻属 *Westella*	韦氏藻 *W. botryoides*

附录 3　邛海浮游动物名录

	科	属	种
轮虫	腹尾轮科	无柄轮属 Ascomorpha	舞跃无柄轮虫 A.saltans
	晶囊轮虫科	晶囊轮虫属 Asplanchna	前节晶囊轮虫 A. priodonta
			盖氏晶囊轮虫 A. girodi
		囊足轮属 Asplanchnopus	多突囊足轮虫 A. multiceps
	疣毛轮虫科	多肢轮虫属 Polyarthra	长肢多肢轮虫 P.dolichoptera
			针簇多肢轮虫 P.trigla
		疣毛轮虫属 Synchaeta	尖尾疣毛轮虫 S.stylata
			长圆疣毛轮虫 S.oblonga
	臂尾轮科	臂尾轮属 Brachionus	角突臂尾轮虫 B.angularis
			蒲达臂尾轮虫 B.budapestiensis
			矩形臂尾轮虫 B.leydigi
			萼花臂尾轮虫 B.calyciflorus
		龟甲轮虫属 Keratella	螺形龟甲轮虫 K.cochlearis
			矩形龟甲轮虫 K.quadrata
		高轮虫属 Scaridium	高跷轮虫 S.longicaudum
		平甲轮属 Platyias	四角平甲轮虫 P.quadricornis
			十字平甲轮虫 P.militaris
		狭甲轮属 Colurella	钩状狭甲轮虫 C.uncinala
		鞍甲轮属 Lepadella	盘状鞍甲轮虫 L.patella
	三肢轮科	三肢轮虫属 Filinia	长三肢轮虫 F.longiseta
	异尾轮科	异尾轮虫属 Trichocerca	暗小异尾轮虫 T.pusilla
	旋轮科	轮虫属 Rotaria	长足轮虫 R.neptunia
			橘色轮虫 R.Citrina
原生动物	钟虫科	钟虫属 Vorticella	迈式钟形虫 V.mayerii
	累枝科	累枝虫属 Epistylis	累枝虫 Epistylis sp.
		瓜形虫属 Cucurbitella	瓜形虫 Cucurbitella sp.
		双核虫属 Dileptus	多核双核虫 D.biuncieatatus
	砂壳科	匣壳虫属 Centropyxis	压缩匣壳虫 C.constricta
			针棘匣壳虫 C.aculeata
	榴弹虫科	榴弹虫属 Coleps	多毛榴弹虫 C.hirtus
	纯毛虫科	纯毛虫属 Holophrya	泡形纯毛虫 H.vesiculosa
	突口虫科	突口虫属 Condylostoma	钟形突口虫 C.verticella

科	属	种
袋形虫科	袋形虫属 Bursella	袋形虫 B.gargamellae
变形科	变形虫属 Amoeba	辐射变形虫 A.radiosa
盘变形科	曲劲虫属 Cyphoderia	坛状曲劲虫 C.ampulla
拟铃壳虫科	拟铃壳虫属 Tintinnopsis	根状拟铃虫 T.radix
		王氏拟铃虫 T.wangi
砂壳科	砂壳虫属 Difflugia	偏孔砂壳虫 D.constricta
		长圆砂壳虫 D.oblonga
		尖顶砂壳虫 D.acuminata
		球砂壳虫种 D.globulosa
		壶形砂壳虫 D.lebes
		冠冕砂壳虫 D.corona
表壳科	表壳虫属 Arcella	砂表壳虫 A.arenaria
鳞壳科	鳞壳虫属 Euglypha	蜂巢鳞壳虫 E.alveolata
		结节鳞壳虫 E.tuberculata
		有棘鳞壳虫 E.acanthophora
太阳科	太阳虫属 Actinophrys	放射太阳虫 A. sol
	刺胞虫属 Acanthocystis	短棘刺胞虫 A.brevicirrhis Perty
侠盗虫科	侠盗虫属 Strobilidium	旋回侠盗虫 S.gyrans
盘变形科	板壳虫属 Coleps	毛板壳虫 C.hirtus
筒壳虫科	筒壳虫属 Tintinnidium	恩茨筒壳虫 T.entzii
薄皮溞科	薄皮溞属 Leptodora	金氏薄皮溞 L.kindtaii
大眼溞科	大眼溞属 Dadaya	大眼独特溞 D.macrops
裸腹溞科	裸腹溞属 Moina	直额裸腹溞 M.rectirostris
		多刺裸腹溞 M.macrocopa
		无栉拟裸腹溞 M.macheayii
盘肠溞科	尖额溞属 Alona	矩形尖额溞 A.rectangula
		秀体尖额溞 A.diaphana
		中型尖额溞 A.intermedia
		方形尖额溞 A.quadrangularis
	平直溞属 Pleuroxus	三角平直溞 P.trigonellous
		棘齿平直溞 P.denticulatus
	锐额溞属 Alonella	吻状锐额溞 A.rostrata
	靴尾属 Dunhevedia	棘突靴尾溞 D.crassa
溞科	溞属 Daphnia	蚤状溞 D. pulex
		长刺溞 D. longispina
		僧帽溞 D. cucullata
		小栉溞 D. cristata

原生动物 (spans 原生动物 rows)
枝角类 (spans 枝角类 rows)

续表

科	属	种
		透明溞 *D. hyalina*
		大型溞 *D. magna*
		隆线溞 *D. carinata*
	网纹溞属 *Ceriodaphnia*	角突网纹溞 *C.cornuta*
	低额溞属 *Simocephalus*	棘爪低额溞 *S.vetuloides*
	仙达溞属 *Sida*	晶莹仙达溞 *S.crystallina*
	伪仙达溞属 *Pseudosida*	双刺伪仙达溞 *P.bidentata*
枝角类		长肢秀体溞 *D.leuchtenbergianum*
	仙达溞科		秀体溞 *Diaphanosoma* sp.
		短尾秀体溞 *D.brachyurum*
	秀体溞属 *Diaphanosoma*	多刺秀体溞 *D.sarsi*
		缺刺秀体溞 *D.aspinosum*
		寡刺秀体溞 *D.paucispinosum*
		柯氏象鼻溞 *B.coregoni*
象鼻溞科	象鼻溞属 *Bosmina*	脆弱象鼻溞 *B.fatalis*
		长额象鼻溞 *B.longirostris*
	蒙镖水蚤属 *Mongolodiaptomus*	锥肢蒙镖水蚤 *M.birulai*
	原镖水蚤属 *Eodiaptomus*	中华原镖水蚤 *E.sinensis*
镖水蚤科	新镖水蚤属 *Neodiaptomus*	右突新镖水蚤 *N.schmackeri*
	近镖水蚤属 *Tropodiaptomus*	米粒近镖水蚤 *T.oryzanus*
	明镖水蚤属 *Heliodiaptomus*	鸟喙明镖水蚤 *H.kikuchii*
		短刺近剑水蚤 *T.bfevispinus*
		近剑水蚤 *Tropocyclops* sp.
	近剑水蚤属 *Tropocyclops*	长腹近剑水蚤 *T.longiabdominalis*
		绿色近剑水蚤 *T.prasinus*
桡足类	剑水蚤科		泽柔近剑水蚤 *T.prasinus jerseyensis*
	剑水蚤属 *Cyclops*	英勇剑水蚤 *C.strenuus*
	大剑水蚤属 *Macrocyclops*	闻名大剑水蚤 *M.distinctus*
	中剑水蚤属 *Mesocyclops*	广布中剑水蚤 *M.leuckarti*
	拟剑水蚤属 *Paracyclops*	毛饰拟剑水蚤 *P.fimbriatus*
拟哲水蚤科	拟哲水蚤属 *Paracalanus*	针刺拟哲水蚤 *P. aculeatus*
哲水蚤科	华哲水蚤属 *Sinocalanus*	汤匙华哲水蚤 *S.dorrii*
长腹剑水蚤科	长腹剑水蚤属 *Oithona*	大同长腹剑水蚤 *O.similis*
	窄腹剑水蚤属 *Limnoithona*	中华窄腹水蚤 *L.sinensis*
异足猛水蚤科	跂足猛水蚤属 *Mesochra*	绥芬跂足猛水蚤 *M.suifunensis*
	异足猛水蚤属 *Canthocamptus*	沟渠异足猛水蚤 *C.staphylinus*
阿玛猛水蚤科	美丽猛水蚤属 *Nitocra*	湖泊美丽猛水蚤 *N.lacustris*

	科	属	种
桡足类	宽水蚤科	水生猛水蚤属 *Enhydrosoma*	单节水生猛水蚤 *E.uniarticulatus*
		异足水蚤属 *Heterocope*	垂饰异足水蚤 *H.appendiculata*
	短角猛水蚤科	湖角猛水蚤属 *Limnocletodes*	鱼饵湖角猛水蚤 *L.behningi*
	老丰猛水蚤科	有爪猛水蚤属 *Onchocamptus*	模式有爪猛水蚤 *O.mohammed*

附录 4 邛海流域维管束植物名录

序号	种中文名	科	属	拉丁学名	性状	来源
1	满江红	满江红科	满江红属	*Azolla imbricata* (Roxb.) Nabai	浮水植物	原生
2	节节草	木贼科	木贼属	*Equisetum ramosissimum* Desf.	湿生草本	原生
3	犬问荆	木贼科	木贼属	*Equisetum palustre* Linn.	湿生草本	原生
4	问荆	木贼科	木贼属	*Equisetum arvense* Linn.	湿生草本	原生
5	桫椤	桫椤科	桫椤属	*Alsophila spinulosa* (Wall. ex Hook.) R. M. Tryon	木本	引进栽培
6	紫萁	紫萁科	紫萁属	*Osmunda japonica* Thunb.	草本	原生
7	苹	苹科	苹属	*Marsilea quadrifolia* L. Sp.	浮叶水生植物	原生
8	车前草	车前科	车前属	*Plantago asiatica* L.	草本	原生
9	大车前	车前科	车前属	*Plantago major* Linn.	草本	原生
10	平车前	车前科	车前属	*Plantago depressa* Willd.	草本	原生
11	地笋	唇形科	地笋属	*Lycopus lucidus* Turcz.	湿生草本	原生
12	益母草	唇形科	益母草属	*Leonurus heterophyllus* Sweet.	草本	原生
13	红花酢浆草	酢浆草科	酢浆草属	*Oxalis corymbosa* DC.	草本	入侵物种
14	蓖麻	大戟科	蓖麻属	*Ricinus communis* Linn.	灌木	入侵物种
15	一品红	大戟科	大戟属	*Euphorbia pulcherrima* Willd	灌木	引进
16	乳浆大戟	大戟科	大戟属	*Euphorbia esula* Linn.	半灌木常绿	原生
17	飞扬草	大戟科	大戟属	*Euphorbia hirta* Linn.	草本	原生
18	地锦	葡萄科	地锦属	*Parthenocissus tricuspidata* (Sieb. et Zucc.) Planch.	草本	原生
19	泽漆	大戟科	大戟属	*Euphorbia Helioscopia* Linn.	草本	原生
20	铁苋菜	大戟科	铁苋菜属	*Acalypha australis* L.	草本	原生
21	截叶铁扫帚	豆科	胡枝子属	*Lespedeza cuneata* (Dum.-Cours.)G.Don	半灌木常绿	原生
22	决明	豆科	决明属	*Cassia tora* L.	半灌木常绿	入侵物种
23	天蓝苜蓿	豆科	苜蓿属	*Medicago lupulina* L.	草本	原生
24	坡油甘	豆科	坡油甘属	*Smithia sensitiva* Ait.	草本	原生
25	白车轴草	豆科	车轴草属	*Trifolium repens* Linn.	草本	原生
26	大巢菜	豆科	野豌豆属	*Vicia sativa* L.	草本	原生
27	紫藤	豆科	紫藤属	*Wisteria sinensis* (Sims) Sweet	藤本（木质）	引进

序号	种中文名	科	属	拉丁学名	性状	来源
28	杜鹃花	杜鹃花科	杜鹃花属	*Rhododendron simsii* L.	灌木常绿	引进
29	黄杨	黄杨科	黄杨属	*Buxus sinica*（Rehd. etWils.）Cheng	灌木常绿	引进
30	白花夹竹桃	夹竹桃科	夹竹桃属	*Nerium indicum mill.* cv. Paihua	灌木常绿	引进
31	夹竹桃	夹竹桃科	夹竹桃属	*Nerium indicum* Mill.	灌木常绿	引进
32	花叶蔓长春	夹竹桃科	蔓长春花属	*Vinca major* Linn. cv. Variegata Loud.	藤本	引进
33	蔓长春花	夹竹桃科	蔓长春花属	*Vinca major* L.	藤本	引进
34	红花檵木	金缕梅科	檵木属	*Loropetalum chinense*（R.Br.）Oliver.var .rubrumYieh	灌木	引进
35	金鱼藻	金鱼藻科	金鱼藻属	*Ceratophyllum demersum* L.	沉水植物	原生
36	云南黄花稔	锦葵科	黄花稔属	*Sida yunnanensis* S. Y. Hu	半灌木	原生
37	冬葵	锦葵科	锦葵属	*Malva crispa* L.	半灌木	原生
38	垂花悬铃花	锦葵科	悬铃花属	*Malvaviscus arboreus* Cav. Var.penduliflorus（DC.）Schery	灌木常绿	引进
39	金盏银盘	菊科	鬼针草属	*Bidens biternata*（Lour.）Merr.et Sherff	草本	原生
40	白花鬼针草	菊科	鬼针草属	*Bidens pilosa* L.var .radiata Sch.-Bip.	草本	入侵物种
41	鬼针草	菊科	鬼针草属	*Bidens pilosa* L.	草本	原生
42	苦苣菜	菊科	苦苣菜属	*Sonchus oleraceus* L.	草本	原生
43	六棱菊	菊科	六棱菊属	*Laggera alata*（D. Don）Sch.-Bip. ex Oliv.	草本	原生
44	牛膝菊	菊科	牛膝菊属	*Galinsoga parviflora* Cav.	草本	入侵物种
45	蒲公英	菊科	蒲公英属	*Taraxacum mongolicum* Hand.-Mazz.	草本	入侵物种
46	波斯菊	菊科	秋英属	*Cosmos bipinnatus* Cav.	草本	入侵物种
47	胜红蓟	菊科	胜红蓟属	*Ageratum conyzoides* L.	草本	入侵物种
48	万寿菊	菊科	万寿菊属	*Tagetes erecta* Linn.	草本	入侵物种
49	紫茎泽兰	菊科	紫茎泽兰属	*Eupatorium Adenophorum* Spreng.	半灌木	入侵物种
50	矢车菊	菊科	矢车菊属	*Centaurea cyanus* Linn.	草本	引进
51	蒌蒿	菊科	蒿属	*Artemisia selengensis* Turcz.ex Bess.	草本	原生
52	稀莶草	菊科	稀莶草属	*Siegesbeckia orientalis* L.	草本	原生
53	向日葵	菊科	向日葵属	*Helianthus annuus* Linn.	草本	原生
54	腊梅	腊梅科	腊梅属	*Chimonanthus praecox*（L.）Link.	灌木	引进
55	蓝雪花	白花丹科	白花丹属	*Plumbago auriculata* Lam.	半灌木常绿	引进
56	土荆芥	藜科	藜属	*Chenopodium ambrosioides* Linn.	草本	入侵物种

序号	种中文名	科	属	拉丁学名	性状	来源
57	地肤	藜科	地肤属	*Kochia scoparia*（Linn.）Schrad.	半灌木落叶	原生
58	藜	藜科	藜属	*Chenopodium album* Linn.	草本	原生
59	荷花(莲)	睡莲科	莲属	*Nelumbo nucifera* Gaertn.	挺水植物	引进
60	何首乌	蓼科	何首乌属	*Polygonum multiflorum* Thunb.	草质藤本	原生
61	红蓼	蓼科	蓼属	*Polygonum orientale* Linn.	草本	原生
62	毛蓼	蓼科	蓼属	*Polygonum barbatum* Linn.	草本	原生
63	尼泊尔蓼	蓼科	蓼属	*PoJygonum nepalense* Meisn.	草本	原生
64	水蓼	蓼科	蓼属	*Polygonum hydropiper* Linn.	湿生草本	原生
65	酸模叶蓼	蓼科	蓼属	*Polygonum lapathifolium* L.	草本	原生
66	粘毛蓼	蓼科	蓼属	*Polygonum viscosum* Buch.-Ham. Ex D. Don.	湿生植物	原生
67	二角菱	菱科	菱属	*Trapa bispinosa* Roxb.	浮水植物	引入
68	野菱	菱科	菱属	*Trapa incise* var.Sieb.	浮水植物	原生
69	丁香蓼	柳叶菜科	丁香蓼属	*Ludwigia prostrata* Roxb.	湿生植物	原生
70	柳叶菜	柳叶菜科	柳叶菜属	*Epilobium hirsutum* L.	半灌木落叶	原生
71	台湾水龙	柳叶菜科	丁香蓼属	*Ludwigia xtaiwanensis* C. I. Peng	浮水植物	原生
72	荇菜	莕菜科	莕菜属	*Nymphoides peltatum*（Gmel.）O.Kuntze	浮水植物	原生
73	落葵薯	落葵科	落葵薯属	*Anredera cordifolia*（Tenore）Steenis	草质藤本	入侵物种
74	假连翘	马鞭草科	假连翘属	*Duranta repens* L.	灌木常绿	引进
75	马鞭草	马鞭草科	马鞭草属	*Verbena officinalis* L.	草本	原生
76	马缨丹	马鞭草科	马缨丹属	*Lantana camara* L.	灌木常绿	入侵物种
77	灰莉	马钱科	灰莉属	*Fagraea ceilanica* Thunb.	灌木常绿	引进
78	密蒙花	马钱科	醉鱼草属	*Buddleja officinalis* Maxim.	灌木落叶	原生
79	马桑	马桑科	马桑属	*Coriaria nepalensis* Wall.	落叶灌木	原生
80	铁线莲	毛茛科	铁线莲属	*Clematis florida* Thunb.	草质藤本	原生
81	打破碗碗花	毛茛科	银莲花属	*Anemone vitifolia* Buch.-Ham.	草本	原生
82	小叶女贞	木犀科	女贞属	*Ligustrum quihoui* Carr.	灌木常绿	引进、原生
83	荨麻	荨麻科	荨麻属	*Urtica fissa* E. Pritz.	草本	引进
84	长叶水麻	荨麻科	水麻属	*Debregeasia longifolia*（Burm. F.）Wedd.	灌木常绿	原生
85	小叶栀子	茜草科	栀子属	*Gardenia jasminoides* cv.prostrata	灌木常绿	引进
86	贴梗海棠	蔷薇科	木瓜属	*Chaenomeles speciosa*（Sweet）Nakai	灌木落叶	引进
87	红叶石楠	蔷薇科	石楠属	*Photinia fraseri* Red robin	灌木常绿	引进
88	假酸浆	茄科	假酸浆属	*Nicandra physalodes*（Linn.）Gaertner	草本	原生
89	辣椒	茄科	辣椒属	*Capsicum annuum* Linn.	草本	原生
90	龙葵	茄科	茄属	*Solanum nigrum* Linn.	半灌木	原生

序号	种中文名	科	属	拉丁学名	性状	来源
91	龙珠(叶下珠)	大戟科	叶下珠属	*Phyllanthus urinaria* Linn.	草本	原生
92	番茄	茄科	番茄属	*Solanum lycopersicum* L.	草本	原生
93	积雪草	伞形科	积雪草属	*Centella asiatica* (Linn.) Urban	湿生草本	原生
94	水芹	伞形科	水芹属	*Oenanthe javanica* (Bl.) DC.	湿生草本	原生
95	天胡荽	伞形科	天胡荽属	*Hydrocotyle sibthorpioides* Lam.	草本	原生
96	荩草(菉草)	禾本科	荩草属	*Arthraxon hispidus* (Trin.) Makino	草本	原生
97	洒金珊瑚	山茱萸科	桃叶珊瑚属	var.*variegata* D'Ombr	灌木常绿	引进
98	商陆	商陆科	商陆属	*Phytolacca acinosa* Roxb.	半灌半落叶	原生
99	油菜	十字花科	芸薹属	*Brassica campestris* L.	草本	栽培
100	麦蓝菜	石竹科	麦蓝菜属	*Vaccaria segetalis* (Neck.) Gracke	草本	入侵物种
101	薯蓣(山药)	薯蓣科	薯蓣属	*Dioscorea opposita* Thunb.	草质藤本	原生
102	红千层	桃金娘科	红千层属	*Callistemon rigidus* R.Br.	灌木常绿	引进
103	八角金盘	五加科	八角金盘属	*Fatsia japonica* (Thunb.) Decne. et Planch.	半灌木常绿	引进
104	鹅掌柴	五加科	鹅掌柴属	*Schefflera octophylla* (Lour.) Harms	半灌木常绿	引进
105	空心莲子草(水花生)	苋科	莲子草属	*Alternanthera philoxeroides* (Mart.) Griseb.	湿生或水生	入侵物种
106	红苋菜	苋科	苋属	*Amaranthus cruentuscv.*Hopi Red Dye, red amaranth.	草本	原生
107	刺苋	苋科	苋属	*Amaranthus spinosus* Linn.	草本	入侵物种
108	苋	苋科	苋属	*Amaranthus tricolor* Linn.	草本	入侵物种
109	皱果苋	苋科	苋属	*Amaranthus viridis* Linn.	草本	入侵物种
110	南天竹	小檗科	南天竹属	*Nandina domestica* Thunb.	灌木	引进
111	穗状狐尾藻	小二仙草科	狐尾藻属	*Myriophyllum spicatum* Linn.	沉水植物	原生
112	打碗花	旋花科	打碗花属	*Calystegia hederacea* Wall.	草质藤本	原生
113	蕹菜(空心菜)	旋花科	番薯属	*Ipomoea aquatica* Forsskal	草本	原生
114	圆叶牵牛	旋花科	牵牛属	*Pharbitis purpurea* (Linn.) Voigt	草质藤本	入侵物种
115	花椒	芸香科	花椒属	*Zanthoxylum bungeanum* Maxim.	灌木落叶	原生
116	三角梅	紫茉莉科	叶子花属	*Bongainvillea Brasiliensis* Raeusch.	灌木落叶	原生、引进
117	紫茉莉	紫茉莉科	紫茉莉属	*Mirabilis jalapa* Linn	草本	入侵物种

序号	种中文名	科	属	拉丁学名	性状	来源
118	麦冬	百合科	沿阶草属	*Ophiopogon japonicus*（Linn. f.）Ker-Gawl.	草本	引进
119	琼花	忍冬科	荚蒾属	*Viburnum macrocephalum* Fort. f. keteleeri（Carr.）Rehd.	草本	引进
120	德国鸢尾	鸢尾科	鸢尾属	*Iris germanica* Linn.	草本	引进
121	棕竹	棕榈科	棕竹属	*Rhapis excelsa*（Thunb.）Henry ex Rehd	灌木常绿	引进
122	慈姑	泽泻科	慈菇属	*Sagittaria sagittifolia*	挺水植物	原生
123	野慈姑	泽泻科	慈菇属	*Sagittaria trifolia* Linn.	挺水植物	原生
124	泽泻	泽泻科	泽泻属	*Alisma plantago-aquatica*Linn.	挺水植物	原生
125	再力花	竹芋科	再力花属	*Thalia dealbata* Fraser.	挺水植物	引入
126	水葫芦	雨久花科	凤眼莲属	*Eichhornia crassipes*（Mart.）Solms	浮水植物	入侵物种
127	梭鱼草	雨久花科	梭鱼草属	*Pontederia cordata* Linn.	挺水植物	引入
128	鸭跖草	鸭跖草科	鸭跖草属	*Commelina communis* L.	草本	引进
129	菖蒲	天南星科	菖蒲属	*Acorus calamus* Linn	挺水植物	引进
130	大漂	天南星科	大漂属	*Pistia stratiotes* L.	浮水植物	入侵物种
131	龟背竹	天南星科	龟背竹属	*Monstera deliciosa* Liebm.	草本	引进
132	春羽	天南星科	喜林芋属	*Philodenron selloum* Koch	草本	引进
133	芋	天南星科	芋属	*Colocasia esculenta*（L.）Schott	草本	原生
134	萍蓬草	睡莲科	萍蓬草属	*Nuphar pumilum*（Timm.）DC.	浮水植物	原生
135	睡莲	睡莲科	睡莲属	*Nymphaea tetragona* Georgi	浮水植物	引进
136	白睡莲	睡莲科	睡莲属	*Nymphaea alba* Linn.	浮水植物	引进
137	竹叶眼子菜（马来眼子菜）	眼子菜科	眼子菜属	*Potamogeton malaianus* Mip.	沉水植物	原生
138	篦齿眼子菜	眼子菜科	眼子菜属	*Potamoget on pectinatus* L.	沉水植物	原生
139	菹草	眼子菜科	眼子菜属	*Potamogeton crispus* Linn.	沉水植物	原生
140	浮叶眼子菜	眼子菜科	眼子菜属	*Potamogeton natans* Linn.	浮水植物	原生
141	黑藻	水鳖科	黑藻属	*Hydrilla verticillata*（Linn. f.）Royle	沉水植物	原生
142	苦草	水鳖科	苦草属	*Vallisneria natans*（Lour.）Hara	沉水植物	原生
143	蜘蛛兰	石蒜科	蜘蛛兰属	*Hymenocallis americana*	草本（陆生）	引进
144	香蒲	香蒲科	香蒲属	*Typha orientalis* Presl	挺水植物	引入
145	牛毛毡	莎草科	荸荠属	*Eleocharis yokoscensis*（Franch.et Sav.）Tang etWang	挺水植物	原生
146	红鳞扁莎	莎草科	扁莎属	*Pycreus sanguinolentus*（Vahl）Nees	草本	引进
147	刺子莞	莎草科	刺子莞属	*Rhynchospora rubra*（lour.）Makino	挺水植物	原生
148	独穗漂拂草	莎草科	飘拂草属	*Fimbristylis monostachya*（Linn.）Hassk.	挺水植物	原生

续表

序号	种中文名	科	属	拉丁学名	性状	来源
149	风车草（水竹）	莎草科	莎草属	*Cyperus alternifolius*	挺水植物	引进
150	窄穗莎草	莎草科	莎草属	*Cyperus tenuispica* Steud.	草本	引进
151	萤蔺	莎草科	藨草属	*Scirpus juncoides* Roxb	湿生植物	原生
152	水葱	莎草科	藨草属	*Schoenoplectus tabernaemontani*	挺水植物	引进
153	浆果苔草	莎草科	薹草属	*Carex baccans* Nees	挺水植物	原生
154	砖子苗	莎草科	砖子苗属	*Mariscus umbellatus* Vahl	草本	原生
155	短叶水蜈蚣	莎草科	水蜈蚣属	*Kyllinga brevifolia Rottb.*	草本	原生
156	窄叶西南红山茶	山茶科	山茶科	*Camellia pitardii* var yunnanica	灌木常绿	引进
157	滇山茶	山茶科	山茶科	*Camellia reticulata*	灌木常绿	引进
158	雅灯心草	灯芯草科	灯芯草属	*Juncus concinnus* D. Don	草本	原生
159	日本血草	禾本科	白茅属	*Imperata cylindrical*	草本	引进
160	稗	禾本科	稗属	*Echinochloa crusgali*（L.）Beauv.	挺水或湿生植物	原生
161	光头稗	禾本科	稗属	*Echinochloa colonum*（L.）Link	挺水或湿生植物	原生
162	牛筋草	禾本科	穇属	*Eleusine indica*（L.）Gaertn.	草本	原生
163	斑茅	禾本科	甘蔗属	*Saccharum arundinaceum*	草本	原生
164	紫竹	禾本科	刚竹属	*Phyllostachys nigra*（Lodd）Munro	灌木常绿	引进
165	白辣蓼	蓼科	蓼属	*Polygonum longisetum* De Bruyn[P.caespitosum B1.var.longisetum (De Bruyn) Sieward；P.blumeiMeissn.exMiq.	草本	原生物种
166	紫萍	浮萍科	紫萍属	*Spirodela polyrhiza*（Linn.）Schleid.	浮水植物	原生物种
167	浮萍	浮萍科	紫萍属	*Lemna minor* L.	浮水植物	原生物种
168	水鳖	水鳖科	水鳖属	*Hydrocharis dubia*（Bl.）Backer	浮水植物	原生物种
169	芦苇	禾本科	芦苇属	*Phragmites australias*	水生或湿生的高大禾草	原生物种
170	狗尾草	禾本科	狗尾草属	*Setaria viridis*（Linn.）Beauv.	多年生挺水或沉水草本	原生物种
171	金色狗尾草	禾本科	狗尾草属	*Setaria glauca*（L.）Beauv.	草本	原生
172	虎尾草	禾本科	虎尾草属	*Chloris virgata*	草本	原生
173	画眉草	禾本科	画眉草属	*Eragrostis pilosa*（Linn.）Beauv.	草本	原生
174	箭竹	禾本科	箭竹属	*Fargesia spathacea* Franch.	草本	原生
175	金竹	禾本科	刚竹属	*Phyllostachys sulphurea*（Carr.）A. et C. Riv	草本	原生
176	菰	禾本科	菰属	*Zizania latifolia*（Griseb.）Stapf	草本	原生

序号	种中文名	科	属	拉丁学名	性状	来源
177	凤凰竹	禾本科	竹属	*Bambusa glaucescens*（Willd.）Sieb.ex Munro	草本	原生
178	类芦	禾本科	类芦属	*Neyraudia reynaudiana*（Kunth）Keng	草本	原生
179	小盼草	禾本科	小盼草属	*Chasmanthium latifolium*	草本	原生
180	芦竹	禾本科	芦竹属	*Arundo donax* L.	草本	原生
181	马唐	禾本科	马唐属	*Digitaria sanguinalis*（L.）Scop.	草本	原生
182	紫马唐	禾本科	马唐属	*Digitaria violascens* Link	草本	原生
183	薏苡	禾本科	薏苡属	*Coix lachryma-jobi* L.	草本	原生
184	雀稗	禾本科	雀稗属	*Paspalum thunbergii* Kunth ex Steud.	草本	原生
185	花叶蒲苇	莎草科	花叶蒲苇属	*Cortaderia selloana*（Schult.）Aschers.&Gr aebn.‘Silver Comet’	草本	原生
186	草豆蔻	姜科	山姜属	*Alpinia katsumadai*	草本	原生
187	蒲苇	禾本科	蒲苇属	*Cortaderia selloana*	草本	原生
188	早熟禾	禾本科	早熟禾属	*Poaannua* L.	草本	原生
189	双穗雀稗	禾本科	雀稗属	*Paspalum paspaloides*（Michx.）Scribn.	草本	原生
190	美人蕉	美人蕉科	美人蕉属	*Canna indica*	草本	引进栽培
191	蕉芋	美人蕉科	美人蕉属	*Canna edulis* Ker	草本	引进栽培
192	高羊茅	禾本科	羊茅属	*Festuca elata* Keng ex E. Alexeev	草本	原生
193	孔雀稗	禾本科	稗属	*Echinochloa cruspavonis*（H. B. K.）Schult.	草本	原生
194	大茨藻	茨藻科	茨藻科属	*Najas marina* L.	草本	原生
195	囊颖草	禾本科	囊颖草属	*Sacciolepis indica*（Linn.）A. Chase	草本	原生
196	金鱼藻	金鱼藻科	金鱼藻属	*Ceratophyllum demersum* L.	沉水植物	原生
197	地笋	唇形科	地笋属	*Lycopus lucidus* Turcz.	草本	原生
198	西南水芹	伞形科	水芹属	*Oenanthe dielsii*	湿生草本	引进栽培
199	中华水芹	伞形科	水芹属	*Oenanthe sinensis* Dunn	湿生草本	引进栽培
200	水案板	眼子菜科	眼子菜属	*Potamogeton natans* Linn.	草本	原生
201	钝叶菹草	眼子菜科	眼子菜属	*Potamogeton amblyophyllus* C. A. Mey.	沉水植物	原生
202	蓖齿眼子菜(红线草)	眼子菜科	眼子菜属	*Potamogeton pectinatus*	沉水植物	原生
203	狐尾藻	小二仙草科	狐尾藻属	*Myriophyllum verticillatum* L.	沉水植物	原生
204	止血马唐	禾本科	马唐属	*Digitaria ischaemum*（Schreb.）Schreb.	草本	原生
205	升马唐	禾本科	马唐属	*Digitaria ciliaris*（Retz.）Koel.	草本	原生
206	李氏禾	禾本科	假稻属	*Leersia hexandra* Swartz	草本	原生
207	稻	禾本科	稻属	*Oryza sativa* L.	草本	引进栽培

续表

序号	种中文名	科	属	拉丁学名	性状	来源
208	独穗飘拂草	莎草科	飘拂草属	*Fimbristylis monostachya*（Linn.）Hassk.	湿生	原生
209	灯心草	灯心草科	灯心草属	*Juncus effusus* L.	草本	原生
210	庐山藨草	莎草科	藨草属	*Scirpus lushanensis*	草本	原生
211	蒲草（席草根）	莎草科	藨草属	*Scirpus triangulatus* Roxb.	草本	原生
212	水蜈蚣	莎草科	飘拂草属	*Kyllinga brevifolia* Rottb.	草本	原生
213	萤蔺	莎草科	藨草属	*Scirpus juncoides* Roxb.	草本	原生
214	刺子莞	莎草科	刺子莞属	*Rhynchospora rubra*（Lour.）Makino	草本	原生
215	三轮草	莎草科	莎草属	*Cyperus orthostachyus* Franch. et Savat.	草本	原生
216	品澡	浮萍科	浮萍属	*Lemna teisulca*	浮水植物	原生
217	四川紫萍	浮萍科	紫萍属	*Spirodela sichuanensis*	浮水植物	原生
218	三脉浮萍	浮萍科	浮萍属	*Lemna trinervis*	浮水植物	原生

附录 5 邛海水生维管束植物名录及其生活型表

科名	植物名	浮叶	漂浮	挺水	沉水	湿生
1、木贼科 Equisetaceae	犬问荆 *E.palustre*					★
	节节草 *E.ramosissimum*					★
	问荆 *Equisetum arvense*					★
2、苹科 Marsilea	苹(田字)*M.quadrifolia*	★				
3、满江红科 Azollaceae	满江红(红平)*A.imbricata*		★			
4、睡莲科 Nymphaeaceae	莲 *Nelumbo nucifera*					
	白睡莲 *Nymphaea alba*	★		★		
	睡莲 *Nymphaea tatragona*	★				
	萍蓬草 *Nuphar pumilum*	★				
5、金鱼藻科 Ceratophyllaceae	金鱼藻 *Ceratophyllum demersum*				★	
6、旋花科 Convolvulaceae	蕹菜(空心菜)*Ipomoea aquatica*					★
7、菱科 Hydrocaryaceae	野菱 *Trapa incisa*	★				
	二角菱 *Trapa bispinosa*	★				
8、苋科 Amaranthaceae	水花生 *Alternanthera philoxeroides*					★
9、唇形科 Labiatae	地笋 *Lycopus lucidus*					★
10、伞形科 Umbelliferae	积雪草 *Centella asiatica*					★
	西南水芹 *Oenanthe didlsii*					★
	水芹(水芹菜)*Oenanthe javanica*					★
	中华水芹 *Oenanthe sinensis*					★
11、龙胆科 Gentianaceae	荇菜 *Nymphoides peltatum*	★				
12、车前科 Plantaginaceae	车前 *Plantago asiatica*					★
	平车前 *Plantago depressa*					★
	大车前 *Plantago major*					★
13、眼子菜科 Potamogeronaceae	马来眼子菜 *Potamogeton malaianus*	★				
	水案板 *Potamogenton tepperi*	★				
	钝叶菹草 *Potamogenton amblyophyllus*	★			★	
	菹草 *Potamogenton crispus*	★				
	篦齿眼子菜(红线草)*Potamogeton Pectinatus*	★				
14、茨藻科 Najadaceae	大茨藻 *Najasmarina*				★	
15、水鳖科 Hydrocharitaceae	苦草 *Vallisneria asiatica*				★	
	黑藻 *Hydrilla verticillata*				★	
16、蓼科 Polygonaceae	水蓼 *P.hydropiper*					★
	粘毛蓼(香蓼)*Polygonum viscosum*					★
17、柳叶菜科 Onagraceae	丁香蓼 *Ludwigia prostrata*					★
18、小二仙草科 Haloragidaceae	狐尾藻 *Myriophyllum* sp.				★	
19、泽泻科 Alismataceae	泽泻 *Alisma orientalis*			★		
	慈姑 *Sagittaria sagittifolia* L.			★		★
	野慈姑 *Sagittaria trifolia*			★		

科名	植物名	浮叶	漂浮	挺水	沉水	湿生
20、天南星科 Araceae	菖蒲 Acorus clamus	★		★		★
	大漂 Pistia stratiotes					
21、禾本科 Gramineae	止血马唐 Digitaria ischaemum					★
	升马唐 Digitaria adscendens					★
	马唐 Digitaria sanguinalis					★
	稗 Echinochloa crusgalli					★
	孔雀稗 E. cruspavonis					★
	光头稗 E. colonum					★
	李氏禾 Leersiahexandra					★
	雀稗 Paspalum thunbergii					★
	双穗雀稗 Paspalum paspaloides					★
	芦苇 Phragmites australis			★		
	类芦 Neyraudia reynaudiana					★
	早熟禾 Poaannua					★
	斑茅 Saccharum arundinaceum					★
	囊颖草 Sacciolepis indica			★		★
	菰 Zizania caduciflora			★		
	稻 Oryza sativa L.					
22、莎草科 Cyperaceae	浆果苔草 Carex baccans					★
	砖子苗 Mariscus umbellatus					★
	牛毛毡 Eleocharisyokoscensis					★
	独穗飘拂草 Fimbristylia ovata					★
	水灯草 Juncus effusus L.					★
	水葱 Scirpus validus Vahl					★
	庐山藨草 Scirpus lushanensis					★
	蒲草(席草根)Scirpus triangulatus					★
	水蜈蚣 Kyllinga brevifolia			★		★
	萤蔺 Scirpus juncoides					★
	刺子莞 Rhynchospora rubra					★
	三轮草 Cyperus orthostachyus					★
23、浮萍科 Lemnaceae	浮萍 Lemna minor		★			
	品藻 Lemna teisulca		★			
	紫萍 Spirodela polyrhiza		★			
	四川紫萍 Spirodela sichuanensis		★			
	三脉浮萍 Lemna trinervis		★			
24、雨久花科 Pontederiaceae	水葫芦 Eichhornia crassipes		★			

附录 6 邛海底栖动物种类

类型	动物名称
水生环毛类	颤引 水丝引 尾鳃引
软体动物	背角无齿蚌、椭圆背角无齿蚌、河蚬(*C.fluminea*)、黄蚬(*Corbicula aurea*)、刻纹蚬(*C.largillierti*)、闪蚬(*C.nitens*)、折叠萝卜螺、耳萝卜螺、中华园田螺、方形环棱螺、梨形环棱螺、半球多脉扁螺
甲壳动物	秀白长臂虾、短齿新米虾、日本沼虾、长臂虾、中华绒螯蟹、锯齿溪蟹、半年虫
水生昆虫	摇蚊幼虫、丝水龟、水龟、小判虫、红娘华、水斧虫、负子虫、田鳖、划春、松藻虫

附录 7 邛海底栖动物数量统计表

采样点	属（科）	数量	密度/（个/m²）	生物量 g/个	生物量 g/m²
I -1	水丝蚓属	69	1277.78	0.0021	2.78
	环棱螺属	10	185.19	2.063	382.04
	蜻蜓科	1	18.52	0.79	14.63
	摇蚊科	4	74.07	0.0015	0.111
	合计	84	1555.56	2.8566	399.561
II -1	水丝蚓属	82	1518.5	0.0014	2.1259
	环棱螺属	1	18.519	4.16	77.037
	摇蚊科	7	129.630	0.0057	0.741
	合计	90	1666.649	4.1671	79.9039
III-1	水丝蚓属	32	400	0.00125	0.5
	颤蚓属	3	37.5	0.0001645	0.00616875
	仙女虫科	9	112.5	0.0001961	0.02206
	摇蚊科	3	62.5	0.002017	0.126085
	合计	47	612.5	0.0036276	0.65431375
I -2	水丝蚓属	6	111.1	0.001665	0.185
	合计	6	111.1	0.001665	0.185
II-2	水丝蚓属	22	388.889	0.0062	2.4111
	环棱螺属	1	18.519	4.76	88.148
	摇蚊科	2	37.037	0.0011	0.04074
	合计	25	444.445	4.7673	90.59984
III-2	水丝蚓属	76	950	0.003289	0.3125
	仙女虫科	3	37.5	0.0004936	0.00617
	摇蚊科	10	125	0.002732	0.02286
	合计	89	1112.5	0.0065146	0.34153
I-3	水丝蚓属	19	351.85	0.0026	0.926
	圆田螺属	1	18.519	0.4	7.41
	合计	20	370.369	0.4026	8.336
II-3	水丝蚓属	19	351.85	0.0026	0.926
	合计	19	351.85	0.0026	0.926
III-3	水丝蚓属	22	275	0.003636	0.1
	颤蚓属	16	200	0.0005	0.1
	仙女虫科	29	362.5	0.0001572	0.057048
	摇蚊科	1	12.5	0.00125	0.015625

	合计	68	850	0.0055432	0.272673
I-4	水丝蚓属	24	444.444	0.0025	1.111
	圆田螺属	1	18.518	0.74	13.704
	合计	25	462.962	0.7425	14.815
II-4	水丝蚓属	49	907.407	0.0037	3.333
	环棱螺属	2	37.037	0.11	4.074
	合计	51	944.444	0.1137	7.407
III-4	水丝蚓属	77	962.5	0.001402	1.35
	颤蚓属	15	187.5	0.0006	0.1125
	尾鳃蚓属	2	25	0.0014	0.035
	仙女虫科	8	100	0.0001455	0.014556
	摇蚊科	3	37.5	0.0016	0.06
	合计	105	1312.5	0.0051475	1.572056
I-5	水丝蚓属	22	407.407	0.0021	0.926
	环棱螺属	2	37.037	2.525	93.519
	合计	24	444.444	2.5271	94.445
II-5	水丝蚓属	72	1333.33	0.0039	5.185
	摇蚊科	5	92.593	0.001	0.0926
	合计	77	1425.923	0.0049	5.2776
III-5	水丝蚓属	104	1300	0.0009615	1.25
	颤蚓属	3	37.5	0.0004666	0.0175
	圆田螺属	2	25	0.25005	6.25125
	仙女虫科	11	137.5	0.0002454	0.03375
	摇蚊科	2	25	0.00105	0.02625
	合计	122	1525	0.2527735	7.57875
I-6	水丝蚓属	56	1037.037	0.0041	4.259
	摇蚊科	10	185.185	0.001	0.1852
	合计	66	1222.222	0.0051	4.4442
II-6	水丝蚓属	109	2018.52	0.0040	8.148
	圆田螺属	4	74.074	4.275	316.67
	摇蚊科	5	92.59	0.006	0.556
	合计	118	2185.184	4.285	325.374
III-6	水丝蚓属	87	1087.5	0.0065517	7.125
	颤蚓属	1	12.5	0.0001645	0.00205625
	仙女虫科	6	75	0.00016434	0.012326
	摇蚊科	13	162.5	0.0020638	0.335366
	合计	107	1337.5	0.00894434	7.47474825

附录 8　邛海鱼类名录

中文名　拉丁文名	中文名　拉丁文名
一、鲤形目　　CYPRINIFORMES	10．鲃亚科　　Barbinae
(一)鳅科　　Cobitidae	(29)中华倒刺鲃 Spinibarbussinensis
1．条鳅亚科　　Nemacheilinae	(30)白甲鱼 Onychostoma sima
(1)短尾高原鳅 Triplophysa brevicauda	(31)鲈鲤 Percocypris pingi
(2)红尾副鳅 Paracobitis variegates	(32)云南光唇鱼 Acrossocheilus yunnanensis
2．花鳅亚科　　Cobitinae	11．鲤亚科　　Cyprininae
(3)泥鳅 Misgurus anguillicaudatus	(33)岩原鲤 Procypris rabaudi
(二)平鳍鳅科　　Homalopteridae	(34)邛海鲤 Cyprinus qionghaiensis
(4)西昌华吸鳅 Sinogastromyzon sichangensis	(35)鲫 Carassius auratus
(三)鮡科　　Sisorida	12．野鲮亚科　　Labeoninae
(5)纹胸鮡 Glyptothorax fukiensis	(36)华鲮 Sinilabeo rendahli
(6)青石爬鮡 Euchiloglanis davidi	(37)墨头鱼 Garra ping
(7)黄石爬鮡 Euchiloglanis kishinouyei	13．裂腹鱼亚科　　Schizothoracinae
(四)鲤科　　Cyprinidae	(38)昆明裂腹鱼 Schizothorax grahami
3．鲴亚科 Danioninae	二、鲇形目　　SILURIFORMES
(8)宽鳍鱲 Zacco Platypus	(五)鲇科　　Siluridae
(9)马口鱼 Opsariichthys bidens	(39)大口鲇 Silurus meridionalis
4．雅罗鱼亚科　　Leuciscinae	(六)鲿科　　Bagridae
(10)赤眼鳟 Sgualiobarbus curriculus	(40)粗唇鮠 Leiocassis crassilabris
(11)青鱼*Mylopharyn odon piceus	(41)黄颡鱼* Pelteobagrus fulvidraco
(12)草鱼 *　Ctenopharyngodon idellus	(七)鮠科　　Amblycipitidae
5．鲴亚科　　Xenocyprininae	(42)白缘鉠 Liobagrus marginatus
(13)圆吻鲴 Distoechodon tumirostris	(八)鮰科
(14)银鲴 *　Xenocypris argentea	(43)斑点叉尾鮰*Letalurus Punetaus
6.鲢亚科　Hypophthalmichthyinae	三、鳉形目　CYPRINODONTIRORMES
(15)鳙*　Aristichthys nobilis	(九)青鳉科　　Cyprinodontidae
(16)鲢 *　Hypophalmichthys molitrix	(44)中华青鳉 Oryzias latipes sinensts
7.鳑鲏亚科　　Rhodeinae	四、合鳃鱼目 SYNBRANCHIFORMES
(17)中华鳑鲏* Rhodeus sinensis	(十)合鳃鱼科　Synbranchidae
(18)高体鳑鲏*　Rhodeus ocellatus	(45)黄鳝　Monopterus albus
8．鲌亚科　　Cultrinae	五、鲈形目　　PERCIFRMES
(19)西昌白鱼 Anabarilius liui	(十一)鳢科　　Channidae

续表

中文名　拉丁文名	中文名　拉丁文名
(20) 邛海鲌鱼 *Anarilius qionghaiensis*	(46) 乌鳢　*Channa argus*
(21) 邛海红鲌 *Erythroculter qionghaiensi*	(十二) 鰕虎鱼科　Gobiidae
(22) 红鳍原鲌* *Cultrichthys erythropterus*	(47) 子陵栉鰕虎鱼* *Ctenogobius giurinus*
(23) 翘嘴红鲌 **Erythroculter ilishaeformis*	(48) 波氏栉鰕虎鱼*　*Ctenogobius clifford popei*
(24) 鳊　*　*Parabramis pekinensis*	六、鲱形目　CLUPEIFORMES
(25) 厚颌鲂*　*Megalobrama pellegrini*	(十三) 银鱼科　Salangidae
9. 鮈亚科　Gobioninae	(49) 太湖银鱼*　*Neasaiant taihuensis*
(26) 蛇鮈 *Saurogobio dabryi*	七、鲟形目　ACIPENSERIFORMES
(27) 麦穗鱼*　*Pseudorasbora parua*	(十四) 匙吻鲟科　Polyodontidae
(28) 棒花鱼* *Abbottina rivularis*	(50) 匙吻鲟*　*Polyodon spathula*

注：*外来鱼种。

附录 9 邛海鲢鱼、鳙鱼、鲫鱼形态指标值

附录 9-1 邛海鲢鱼形态指标测定结果

体重/g	体长/cm	尾柄长/cm	吻长/cm	体高/cm	头长/cm	躯干长/cm	尾长/cm	全长/cm
550	32.80	5.30	2.70	9.00	8.90	13.00	16.50	38.40
650	33.75	6.00	2.70	9.50	9.50	14.10	17.80	41.40
650	33.65	5.80	3.50	9.70	10.60	13.20	18.00	41.80
742	33.80	6.20	2.60	9.80	8.80	13.00	19.00	40.80
750	34.60	6.80	3.40	9.90	11.00	15.10	21.20	47.30
750	34.20	6.10	3.20	9.60	10.50	14.40	19.00	43.90
750	36.10	6.60	3.40	10.00	10.60	14.60	19.30	44.50
800	35.80	6.10	3.30	10.10	10.20	14.00	20.10	44.30
800	33.70	6.40	3.30	10.40	10.90	14.60	19.60	45.10
819	35.60	5.60	2.60	9.20	9.80	14.50	18.50	42.80
820	34.60	6.40	2.70	9.90	9.90	13.00	19.80	42.70
844	35.80	6.50	2.40	9.10	9.70	13.50	19.00	42.20
850	35.40	6.30	3.20	10.00	10.40	14.10	17.50	42.00
850	36.70	6.40	3.00	10.10	10.70	15.50	17.60	43.80
850	37.20	6.60	3.30	11.30	11.10	15.60	18.00	44.70
900	37.20	6.60	3.30	10.60	11.50	15.80	19.60	46.90
950	36.30	6.50	2.90	10.90	10.60	15.30	21.00	46.90
950	37.00	6.00	3.50	10.40	11.30	15.60	20.80	47.70
984	39.00	6.80	2.40	10.10	10.00	15.20	21.00	46.20
985	39.50	7.50	2.90	10.40	10.50	15.80	19.00	45.30
1000	37.50	7.00	3.00	11.00	10.80	15.50	20.50	46.80
1000	39.70	6.40	4.00	11.20	13.50	16.40	20.50	50.40
1012	38.60	6.70	2.70	10.90	10.50	15.00	19.40	44.90
1021	38.90	7.10	3.00	10.40	10.70	15.80	19.20	45.70
1050	39.30	7.00	3.70	11.00	11.70	15.30	20.30	47.30
1100	38.50	6.80	2.70	11.20	9.60	15.20	19.30	44.10
1150	39.60	6.60	3.40	11.50	13.20	15.20	21.50	49.90
1192	38.00	6.80	2.90	10.40	10.50	15.30	22.60	48.40
1231	41.70	7.20	3.10	11.60	11.10	17.00	21.60	49.70
1250	43.36	7.10	3.20	12.10	12.00	15.00	20.10	47.10
1250	43.00	7.40	3.30	12.60	12.40	15.40	21.00	48.80
1250	43.80	7.00	3.60	12.10	12.40	16.80	20.10	49.30
1350	45.00	7.10	3.90	12.80	13.80	16.10	18.80	48.70

体重/g	体长/cm	尾柄长/cm	吻长/cm	体高/cm	头长/cm	躯干长/cm	尾长/cm	全长/cm
1350	42.90	7.00	3.30	11.50	13.70	16.30	21.00	51.00
1350	42.60	7.10	4.00	11.60	12.50	18.20	20.20	50.90
1400	43.60	7.40	3.60	12.10	13.40	16.50	20.50	50.40
1400	44.25	7.50	4.00	12.50	13.40	17.10	21.10	51.60
1400	44.60	7.10	3.90	12.50	13.00	18.50	22.00	53.50
1500	44.70	7.50	3.80	11.90	13.50	17.50	23.50	54.50
1500	44.10	7.60	2.70	11.80	11.50	18.90	23.50	53.90
1500	45.00	7.30	3.70	13.40	13.40	17.00	23.70	54.10
1550	45.20	7.10	3.70	12.90	12.40	18.00	20.20	50.60
1562	43.00	8.30	3.40	12.80	12.80	16.50	24.00	53.30
1600	45.70	7.70	4.20	12.80	14.10	16.60	23.10	53.80
1600	45.40	7.80	3.80	13.00	13.80	17.50	21.20	52.50
1600	45.40	7.50	3.80	13.40	14.00	17.00	22.20	53.20
1600	47.50	7.90	3.65	12.90	13.50	19.00	23.00	55.50
1700	48.10	8.30	3.90	13.80	13.70	17.60	24.20	55.50
1850	49.20	8.10	4.30	12.90	15.00	19.20	22.10	56.30
3050	57.80	9.80	4.80	16.20	16.60	22.40	27.00	66.00
3050	58.30	10.00	4.80	15.90	16.30	22.30	29.00	67.60

附录 9-2　鲢鱼形态指标理论值

体重/g	尾长/cm	吻长/cm	体长/cm	体高/cm	头长/cm	躯干长/cm
550	18.08	2.55	12.13	9.30	9.56	13.47
650	18.40	2.72	12.29	9.56	9.84	13.78
650	18.37	3.02	12.59	9.53	9.81	13.75
742	18.42	2.52	12.11	9.57	9.85	13.80
750	18.69	3.13	12.69	9.78	10.09	14.06
750	18.56	3.00	12.56	9.68	9.97	13.93
750	19.20	3.02	12.59	10.19	10.52	14.55
800	19.10	2.91	12.48	10.11	10.44	14.46
800	18.39	3.11	12.67	9.54	9.83	13.76
819	19.03	2.80	12.37	10.05	10.38	14.39
820	18.69	2.83	12.40	9.78	10.09	14.06
844	19.10	2.77	12.35	10.11	10.44	14.46
850	18.96	2.97	12.53	10.00	10.32	14.32
850	19.40	3.05	12.61	10.35	10.70	14.75
850	19.57	3.16	12.72	10.48	10.84	14.92
900	19.57	3.27	12.83	10.48	10.84	14.92
950	19.26	3.02	12.59	10.24	10.58	14.62
950	19.50	3.22	12.77	10.43	10.78	14.85

体重/g	尾长/cm	吻长/cm	体长/cm	体高/cm	头长/cm	躯干长/cm
984	20.17	2.86	12.43	10.96	11.37	15.51
985	20.34	3.00	12.56	11.10	11.51	15.68
1000	19.67	3.08	12.64	10.56	10.93	15.02
1000	20.41	3.83	13.36	11.15	11.57	15.74
1012	20.04	3.00	12.56	10.86	11.25	15.38
1021	20.14	3.05	12.61	10.94	11.34	15.48
1050	20.28	3.33	12.88	11.04	11.45	15.61
1100	20.01	2.75	12.32	10.83	11.22	15.35
1150	20.38	3.74	13.28	11.12	11.54	15.71
1192	19.84	3.00	12.56	10.70	11.08	15.18
1231	21.09	3.16	12.72	11.69	12.15	16.40
1250	21.65	3.41	12.96	12.13	12.63	16.95
1250	21.52	3.52	13.06	12.04	12.53	16.83
1250	21.79	3.52	13.06	12.25	12.76	17.09
1350	22.20	3.91	13.44	12.57	13.11	17.49
1350	21.49	3.88	13.41	12.01	12.50	16.80
1350	21.39	3.55	13.09	11.93	12.41	16.70
1400	21.73	3.80	13.33	12.20	12.70	17.03
1400	21.95	3.80	13.33	12.37	12.89	17.24
1400	22.06	3.69	13.22	12.47	12.99	17.36
1500	22.10	3.83	13.36	12.49	13.02	17.39
1500	21.90	3.27	12.83	12.33	12.85	17.19
1500	22.20	3.80	13.33	12.57	13.11	17.49
1550	22.27	3.52	13.06	12.63	13.17	17.56
1562	21.52	3.63	13.17	12.04	12.53	16.83
1600	22.44	3.99	13.52	12.76	13.31	17.72
1600	22.33	3.91	13.44	12.68	13.23	17.62
1600	22.33	3.97	13.49	12.68	13.23	17.62
1600	23.04	3.83	13.36	13.24	13.84	18.32
1700	23.25	3.88	13.41	13.40	14.01	18.51
1850	23.62	4.24	13.76	13.70	14.33	18.88
3050	26.52	4.69	14.18	16.01	16.83	21.71
3050	26.69	4.61	14.10	16.14	16.98	21.88

附录 9-3 邛海鳙鱼形态指标测定结果

体重/g	体长/cm	尾柄长/cm	吻长/cm	体高/cm	头长/cm	躯干长/cm	尾长/cm	全长/cm
900	35.20	6.50	2.80	10.00	10.50	13.10	17.50	41.10
950	35.00	6.80	3.20	10.00	10.40	12.60	19.10	42.10
1250	40.00	7.80	4.00	10.90	12.40	14.50	19.20	46.10

体重/g	体长/cm	尾柄长/cm	吻长/cm	体高/cm	头长/cm	躯干长/cm	尾长/cm	全长/cm
1400	39.40	7.50	3.50	11.40	11.50	14.60	20.80	46.90
1450	41.50	8.90	4.10	11.20	14.30	14.70	22.40	51.40
1450	42.50	8.50	4.10	11.20	13.60	14.60	22.70	50.90
1500	39.60	8.60	4.50	12.70	12.90	13.80	20.50	47.20
1700	44.10	10.20	4.40	12.00	13.30	16.20	25.10	54.60
1750	43.50	9.60	4.20	11.50	14.00	14.00	24.00	52.00
1750	43.80	9.50	4.40	11.70	14.00	14.50	21.50	50.00
1950	44.80	9.30	4.25	13.30	14.00	16.50	23.70	54.20
2150	47.00	9.60	4.70	13.40	14.30	17.50	26.90	58.70
2200	45.70	10.30	4.60	14.10	14.30	17.30	24.60	56.20
2250	46.80	10.00	4.50	14.60	13.90	16.30	24.80	55.00
2287	48.50	10.40	5.00	13.20	15.60	17.00	24.60	57.20
2400	49.40	10.00	5.00	13.10	14.70	18.00	26.30	59.00
2500	50.00	10.70	4.60	13.80	14.50	16.00	26.00	56.50
2550	48.50	11.20	4.30	14.20	14.70	18.50	26.20	59.40
2550	49.80	10.60	5.20	13.10	15.50	19.00	28.00	62.50
2550	51.20	11.00	5.00	13.20	15.60	17.50	30.00	63.10
2650	49.40	11.00	5.60	13.30	15.60	19.00	29.00	63.60
2650	51.60	10.00	4.50	14.50	15.40	18.40	27.00	60.80
2650	48.60	11.00	4.30	13.40	14.20	18.00	26.30	58.50
2800	52.00	11.50	4.70	13.60	16.00	16.80	28.85	61.65
2800	52.50	10.40	5.40	13.70	16.50	18.50	27.40	62.40
2850	49.30	11.00	4.50	14.50	15.50	17.10	28.10	60.70
3000	53.20	10.80	6.20	14.60	17.30	19.80	25.70	62.80
3150	54.50	10.60	5.50	14.30	17.20	19.10	28.00	64.30
3350	50.50	11.40	4.50	16.30	14.50	18.60	28.00	61.10
3350	54.20	11.70	4.70	14.20	15.90	19.60	31.20	66.70
3550	57.60	12.10	5.40	15.40	17.20	19.20	32.00	68.40
3600	57.20	12.30	5.60	15.50	17.80	21.00	27.50	66.30
3650	57.10	12.50	5.60	15.50	17.30	20.10	30.60	68.00
3750	55.50	11.00	5.00	15.20	16.60	18.80	32.50	67.90
3850	55.00	12.00	5.90	15.30	18.00	19.50	29.80	67.30
4100	58.80	12.50	6.00	15.80	18.50	20.00	32.10	70.60
4200	59.50	13.00	6.00	17.00	18.10	20.50	34.00	72.60
4400	58.00	11.50	6.20	15.80	18.00	21.00	30.20	69.20
4700	63.60	11.50	5.90	16.30	17.20	23.40	34.10	74.70
4700	61.40	13.00	5.50	18.10	17.50	23.50	30.80	71.80
4850	63.90	13.20	6.50	18.30	19.50	22.30	34.00	75.80
5050	61.10	13.10	5.00	17.30	17.50	22.40	32.30	72.20
5400	63.30	14.30	6.50	19.20	19.00	22.80	34.90	76.70

体重/g	体长/cm	尾柄长/cm	吻长/cm	体高/cm	头长/cm	躯干长/cm	尾长/cm	全长/cm
5400	64.60	14.10	6.50	18.40	18.90	23.00	34.30	76.20
5450	64.00	14.60	6.30	17.20	17.50	23.00	33.5	74.00
5600	68.70	15.00	7.10	17.40	21.00	24.70	35.00	80.70
5700	63.30	13.40	6.90	17.70	19.60	23.50	35.50	78.60
5700	66.60	13.50	6.70	17.30	20.50	25.00	34.00	79.50
5800	65.50	15.00	6.20	17.50	19.60	23.50	37.10	80.20
5800	69.50	14.70	6.60	17.80	18.50	24.50	37.40	80.40
5950	64.80	13.20	6.20	18.50	19.50	21.60	36.50	77.60
6100	65.00	14.50	6.00	18.50	19.50	22.70	34.20	76.40
6200	68.00	15.30	7.20	19.70	21.50	23.40	35.70	80.60
6400	68.60	13.90	7.00	18.50	20.00	23.20	36.50	79.70
7450	72.00	16.00	7.70	20.00	21.50	25.00	40.50	87.00
7600	71.20	13.10	6.60	20.00	20.80	28.00	36.20	85.00
7700	71.00	13.80	6.00	21.50	20.50	25.50	36.70	82.70
8800	72.20	15.00	6.50	19.60	21.10	26.30	37.50	84.90
9150	74.60	15.50	6.50	20.00	21.50	26.00	43.30	90.80
13700	85.50	17.00	6.90	24.00	22.50	33.40	43.00	98.90

附录 9-4　邛海鲫鱼形态指标测定结果

体重/g	体长/cm	尾柄长/cm	吻长/cm	体高/cm	头长/cm	躯干长/cm	尾长/cm	全长/cm
112	14.50	2.27	1.29	5.63	3.92	6.75	8.10	29.51
117	16.20	3.00	1.27	5.69	4.12	7.10	9.00	32.10
120	16.30	3.20	1.20	6.00	4.20	6.30	7.40	29.84
125	16.40	2.30	1.20	5.82	4.15	7.34	9.22	32.72
138	16.20	2.60	1.00	5.50	3.94	7.20	9.10	32.12
140	16.20	3.00	1.50	5.90	4.80	7.10	8.50	32.28
140	16.10	2.90	1.20	6.20	4.80	7.70	8.60	32.91
140	16.40	3.40	1.50	6.00	4.70	7.00	8.20	31.91
145	16.20	2.80	1.10	6.20	3.90	8.30	8.50	32.58
150	17.20	3.10	1.30	6.20	4.60	8.50	9.10	34.74
150	17.30	2.81	1.13	6.40	4.40	8.04	9.49	34.54
160	16.90	3.40	1.30	6.60	4.70	7.30	8.10	32.44
160	17.00	2.90	1.60	6.50	4.80	7.80	8.40	33.41
174	17.43	3.16	1.20	6.18	4.23	8.15	10.45	35.53
176	17.70	3.50	1.10	7.00	4.30	7.90	10.10	35.17
187	19.30	3.74	1.42	6.77	4.60	8.06	10.37	36.96
191	18.70	3.53	1.23	7.05	4.80	8.14	10.16	36.63
196	18.10	2.80	1.20	7.70	4.50	8.70	10.00	36.34
200	17.90	3.90	2.10	7.30	5.60	8.00	9.60	36.21

体重/g	体长/cm	尾柄长/cm	吻长/cm	体高/cm	头长/cm	躯干长/cm	尾长/cm	全长/cm
200	18.80	3.40	1.60	6.80	5.60	8.40	9.20	36.80
200	18.30	3.30	1.50	6.90	5.20	9.20	10.40	38.07
200	18.40	3.50	1.46	6.63	4.46	9.16	10.10	37.05
205	19.70	3.66	1.54	7.11	4.86	9.39	10.80	39.25
216	19.50	3.40	1.30	7.20	4.90	9.00	10.60	38.57
217	19.50	3.60	1.30	7.00	4.70	9.30	10.70	38.77
220	19.20	3.60	2.30	7.80	5.60	9.20	10.60	39.27
220	19.10	4.00	1.60	7.00	5.60	8.80	10.40	38.60
220	19.40	3.50	1.70	7.00	4.90	9.30	10.20	24.40
229	19.80	3.70	1.37	6.80	4.90	9.30	11.20	39.67
232	19.50	3.53	1.31	7.14	4.99	9.30	10.39	38.75
240	19.90	4.10	1.40	7.50	5.60	9.20	10.20	39.33
243	19.90	3.40	1.75	7.23	5.04	9.10	10.60	39.07
246	21.30	3.20	1.42	7.08	4.91	9.30	9.40	38.87
250	20.50	3.70	1.80	7.90	5.90	9.60	10.40	40.63
260	20.20	3.90	1.80	7.50	5.80	8.40	9.70	38.43
260	20.30	4.00	1.80	7.60	5.80	8.90	9.10	38.40
260	21.20	3.90	1.70	7.70	5.50	8.80	10.80	40.30
260	20.90	4.40	1.70	7.40	5.60	9.40	10.40	40.40
280	20.20	3.80	1.80	7.50	5.80	9.60	9.90	39.83
280	19.70	3.90	2.00	7.90	6.30	9.80	10.80	41.10
280	20.90	4.10	2.10	7.60	6.30	9.50	10.30	41.10
293	21.30	3.50	1.30	7.70	5.10	10.40	10.70	41.46
296	21.70	3.50	1.30	8.10	5.20	9.60	10.40	40.73
300	22.20	3.70	2.00	8.00	6.40	9.80	10.40	42.46
300	21.80	3.10	2.00	8.10	6.10	10.00	11.20	42.89
304	22.10	4.24	1.65	7.96	5.48	9.95	13.00	44.23
380	23.80	4.00	2.20	8.90	6.20	10.30	11.20	44.62
380	23.50	4.40	2.20	8.50	6.90	10.30	12.00	45.92
426	24.40	4.20	1.60	8.80	5.53	10.42	13.24	46.51

附录 10 邛海湿地观赏昆虫名录

目	科	种	观赏价值	食性	数量
广翅目 Megaloptera	齿蛉科 Corydalidae	普通齿蛉 *Neoneuromus ignobilis*	形态类	捕	+
		钳突栉鱼蛉 *Ctenochauliodes forcipatus*	形态类	捕	+
脉翅目 Neuroptera	草蛉科 Chrysopidae	大草蛉 *Chrysopa pallens*	形态类、色彩类	捕	+
鞘翅目 Coleoptera	虎甲科 Cicindelidae	中国虎甲 *Cicindela chinenesis*	形态类、色彩类	捕	+
	步甲科 Carabidae	川疤步甲 *Carabus szechwanensis*	形态类	捕	++
		奇裂跗步甲 *Dischissus mirandus*	形态类	捕	+
		广屁步甲 *Pheropsophus occipitalis*	形态类	捕	+
		类丽步甲 *Callistomimus okutanii*	形态类	捕	+
	龙虱科 Dytiscidae	黄缘真龙虱 *Cybister bengalensis*	形态类	捕	+
	埋葬甲科 Silphidae	亚洲尸藏甲 *Necrodes asiaticus*	形态类	中	+
	隐翅虫科 Staphylinidae	束毛隐翅虫 *Dianous* sp.	形态类	中	++
	锹甲科 Lucanidae	巨锯陶锹甲 *Dorcus titanus*	形态类	植	+
	金龟科 Scarabaeidae	双叉犀金龟 *Trypoxylus dichotomus*	形态类、运动类	植	++
	丽金龟科 Rutelidae	中华彩丽金龟 *Mimela chinensis*	形态类、色彩类	植	++
	鳃金龟科 Melolonthidae	大云斑鳃金龟 *Polyphylla laticollis*	形态类	植	++
		小云斑鳃金龟 *Polyphylla gracilicornis*	形态类	植	++
	花金龟科 Cetoniidae	小青花金龟 *Oxycetonia jucunda*	形态类	植	+
	叩甲科 Elateridae	朱肩丽叩甲 *Campsosternus gemma*	形态类、色彩类	植	+
	萤科 Lampyridae	窗萤 *Pyrocoelia* sp.	发光类	植	+++
		扁萤 *Lampyrigera* sp.	发光类	植	+++
	瓢虫科 Coccinellidae	马铃薯瓢虫 *Henosepilachna vigintioctomaculata*	形态类	植	++
		七星瓢虫 *Coccinella septempunctata*	形态类	植	++
		异色瓢虫 *Harmonia axyridis*	形态类、色彩类	植	++
		十斑大瓢虫 *Anisolemnia dilatata*	形态类	植	+
	天牛科 Cerambycidae	星天牛 *Anoplophora chinensis*	形态类	植	++
		暗翅筒天牛 *Oberea fuscipennis*	形态类	植	++
		黄星天牛 *Psacothea hilaris*	形态类	植	++
		松墨天牛 *Monochamus alternatus*	形态类	植	++
	叶甲科 Chrysomelidae	黄色凹缘跳甲 *Podontia lutea*	形态类	植	+

续表

目	科	种	观赏价值	食性	数量
螳螂目 Mantodea	象甲科 Curculionidae	松瘤象 *Sipalus gigas*	形态类	植	++
	螳科 Mantidae	中华大刀螳 *Tenodera sinensis*	形态类、运动类	捕	++
		短胸大刀螳 *Tenodera brevicollis*	形态类、运动类	捕	++
直翅目 Orthoptera	蟋螽科 Gryllacrididae	杆蟋螽 *Phryganogryllacris* sp.	形态类	植	++
	露螽科 Phaneropteridae	条螽 *Ducetia* sp.	形态类	植	++
	纺织娘科 Mecopodidae	日本纺织娘 *Mecopoda elongata*	形态类	植	++
	蝼蛄科 Gryllotalpidae	东方蝼蛄 *Gryllotalpa orientalis*	形态类	植	++
	蟋蟀科 Gryllidae	乌头眉纹蟋蟀 *Teleogryllus occipitalis*	形态类、运动类、鸣叫类	植	++
		油葫芦 *Cryllus testaceus*	形态类、运动类、鸣叫类	植	++
	锥头蝗科 Pyrgomorphidae	短额负蝗 *Atractomorpha sinensis*	形态类、运动类	植	++
	剑角蝗科 Acrididae	中华剑角蝗 *Acrida cinerea*	形态类、运动类	植	++
		中华稻蝗 *Oxya chinensis*	形态类、运动类	植	+++
	斑腿蝗科 Catantopidae	红褐斑腿蝗 *Catantops pinguis*	形态类	植	++
		短角外斑腿蝗 *Xenocatantops brachycerus*	形态类	植	++
		短脚直斑腿蝗 *Stenocatantops mistshenkoi*	形态类	植	++
		日本黄脊蝗 *Patanga japonica*	形态类、运动类	植	+
		黑股拟裸蝗 *Conophymacris nigrofemora*	形态类	植	+
		长翅素木蝗 *Shirakiacris shirakii*	形态类	植	+
		棉蝗 *Chondracris rosea*	形态类、运动类	植	++
		花胫绿纹蝗 *Aiolopus tamulus*	形态类	植	+
	斑翅蝗科 Oedipodidae	云斑车蝗 *Gastrimargus marmoratus*	形态类	植	++
		东亚飞蝗 *Locusta migratoria manilensis*	形态类、运动类	植	+++
		疣蝗 *Trilophidia annulata*	形态类	植	++
同翅目 Homoptera	蜡蝉科 Fulgoridae	斑衣蜡蝉 *Lycorma delicatula*	形态类	植	++
	蝉科 Cicadidae	蚱蝉 *Crypotympana atrata*	鸣叫类	植	++
		蟪蛄 *Platypleura kaempferi*	鸣叫类	植	++
	叶蝉科 Cicadellidae	大青叶蝉 *Cicadella viridis*	形态类、色彩类	植	+++
半翅目 Hemiptera	黾蝽科 Gerridae	水黾 *Aquarius elongatus*	形态类	捕	+++
蜻蜓目 Odonata	蜻科 Libellulidae	闪绿宽腹蜻 *Lyriothemis pachygastra*	形态类	捕	++
		半黄赤蜻 *Sympetrum croceolum*	形态类	捕	++
		狭腹灰蜻 *Orthetrum sabina*	形态类	捕	+

续表

目	科	种	观赏价值	食性	数量
		异色灰蜻 *Orthetrum triangulare*	形态类	捕	+
		红蜻 *Crocothemis servilia*	形态类、色彩类	捕	+++
		基斑蜻 *Libellula depressa*	形态类	捕	+
		玉带蜻 *Pseudothemis zonata*	形态类	捕	++
		白尾灰蜻 *Orthetrum albistylum*	形态类	捕	+++
	蜓科 Aeshnidae	西南亚春蜓 *Asiagomphushesperius*	形态类	捕	++
	色蟌科 Calopterygidae	透顶单脉色蟌 *Matrona basilaris*	形态类、色彩类	捕	+++
		黑角细色蟌 *Vestalis smaragdina*	形态类、色彩类	捕	+
	蟌科 Coenagrionidae	短尾黄蟌 *Ceriagrion melanurum*	形态类、色彩类	捕	++
	腹鳃蟌科 Euphaeidae	巨齿尾腹鳃蟌 *Bayadera melanopteryx*	形态类、色彩类	捕	+
	凤蝶科 Papilionidae	柑橘凤蝶 *Papilio bianor*	色彩类	植	+++
		金凤蝶 *Papilio machaon*	色彩类	植	++
		青凤蝶 *Graphium sarpedon*	色彩类	植	++
		窄斑翠凤蝶 *Papilio arcturus*	色彩类	植	++
	粉蝶科 Pieridae	菜粉蝶 *Picris rapae*	色彩类	植	+++
		杜贝粉蝶 *Pieris dubernardi*	色彩类	植	+
		橙黄豆粉蝶 *Colias fieldii*	色彩类	植	+++
	斑蝶科 Danaidae	金斑蝶 *Danaus chrysippus*	色彩类	植	+
		虎斑蝶 *Danaus genutia*	色彩类	植	++
鳞翅目 Lepidoptera	眼蝶科 Satyridae	宽带黛眼蝶 *Lethe helena*	色彩类	植	++
		波纹黛眼蝶 *Lethe rohria*	色彩类	植	++
	蛱蝶科 Nymphalidae	斐豹蛱蝶 *Argynnis hyperbius*	色彩类	植	++
		小红蛱蝶 *Vanessa cardui*	色彩类	植	+++
		白斑俳蛱蝶 *Parasarpa albomaculata*	色彩类	植	+
		重眉线蛱蝶 *Limenitis amphyssa*	色彩类	植	+
		翠蓝眼蛱蝶 *Junonia orithya*	色彩类	植	++
		珐蛱蝶 *Phalanta phalantha*	色彩类	植	+
	天蚕蛾科 Saturniidae	王氏樗天蚕蛾 *Samia wangi*	色彩类	植	+
		华尾天蚕蛾 *Actias sinensis*	色彩类	植	++
		绿尾天蚕蛾 *Actias ningpoana*	色彩类	植	+
	天蛾科 Sphingidae	绿背斜纹天蛾 *Theretra nessus*	色彩类	植	+

注：+++为优势种(个体数>10%)；++为常见种(个体数 1%~10%)；+为少见种(个体数量<1%)。

附录 11　邛海湿地鸟类

目	科	种	拉丁文
戴胜目	戴胜科	戴胜	*Upupa epops*
佛法僧目	翠鸟科	普通翠鸟	*Alcedo atthis*
佛法僧目	翠鸟科	白胸翡翠	*Halcyon smyrnensis*
佛法僧目	佛法僧科	棕胸佛法僧	*Coracias benghalensis*
鸽形目	鸠鸽科	珠颈斑鸠	*Streptopelia chinensis*
鸽形目	鸠鸽科	火斑鸠	*Streptopelia tranquebarica*
鸻形目	鸻科	灰斑鸻	*Pluvialis squatarola*
鸻形目	鸻科	黑翅长脚鹬	*Himantopus himantopus*
鸻形目	鸻科	反嘴鹬	*Recurvirostra avosetta*
鸻形目	鸻科	长嘴剑鸻	*Charadrius placidu*
鸻形目	鸻科	金眶鸻	*Charadrius dubius*
鸻形目	鸻科	鹮嘴鹬	*Ibidorhyncha struthersii*
鸻形目	鸻科	凤头麦鸡	*Vanellus vanellus*
鸻形目	鸻科	灰头麦鸡	*Vanellus cinereus*
鹈形目	鸬鹚科	普通鸬鹚	*Phalacrocorax carbo*
鹳形目	鹮科	彩鹮	*Plegadis falcinellus*
鹳形目	鹭科	白鹭	*Egretta garzetta*
鹳形目	鹭科	大白鹭	*Casmerodius albus*
鹳形目	鹭科	中白鹭	*Mesophoyx intermedia*
鹳形目	鹭科	池鹭	*Ardeolab acchus*
鹳形目	鹭科	苍鹭	*Ardea cinerea*
鹳形目	鹭科	绿鹭	*Butorides striatus*
鹳形目	鹭科	牛背鹭	*Bubulcus ibis*
鹳形目	鹭科	黄苇鳽	*Ixobrychus sinensis*
鹳形目	鹭科	紫背苇鳽	*Ixobrychus eurhythmus*
鹳形目	鹭科	夜鹭	*Nycticorax nycticorax*
鸻形目	鸥科	白翅浮鸥	*Chlidonias leucoptera*
鸻形目	鸥科	红嘴鸥	*Larus ridibundus*
鸻形目	鸥科	渔鸥	*Larus ichthyaetus*
鸻形目	鸥科	棕头鸥	*Larus brunnicephalus*
鸻形目	鸥科	须浮鸥	*Larus brunnicephalus*
鸻形目	鹬科	尖尾滨鹬	*Calidris acuminata*

目	科	种	拉丁文
鸻形目	鹬科	白腰草鹬	*Tringa ochropus*
鸻形目	鹬科	红脚鹬	*Tringa totanus*
鸻形目	鹬科	矶鹬	*Actitis hypoleucos*
鸻形目	鹬科	青脚鹬	*Tringa nebularia*
隼形目	隼科	红隼	*Falco tinnunculus*
隼形目	隼科	游隼	*Falco peregrinus*
隼形目	鹰科	普通鵟	*Buteo buteo*
隼形目	鹰科	苍鹰	*Accipiter gentilis*
鸻形目	雉鸻科	水雉	*Hydrophasianus chirurgus*
䴙䴘目	䴙䴘科	凤头䴙䴘	*Podiceps cristatus*
䴙䴘目	䴙䴘科	黑颈䴙䴘	*Podiceps nigricollis*
䴙䴘目	䴙䴘科	小䴙䴘	*Tachybapus ruficollis*
鹤形目	鹤科	灰鹤	*Grus grus*
鹤形目	秧鸡科	白骨顶	*Fulica atra*
鹤形目	秧鸡科	黑水鸡	*Gallinula chloropus*
鹤形目	秧鸡科	白胸苦恶鸟	*Amaurornis phoenicurus*
鹤形目	秧鸡科	红脚苦恶鸟	*Amaurornis akool*
鹤形目	秧鸡科	红胸田鸡	*Porzana fusca*
鹤形目	秧鸡科	普通秧鸡	*Rallus aquaticus*
鹤形目	秧鸡科	紫水鸡	*Porphyrio porphyrio*
雀形目	百灵科	小云雀	*Alauda gulgula*
雀形目	百灵科	云雀	*Alauda arvensis*
雀形目	鹎科	白喉红臀鹎	*Pycnonotus aurigaster*
雀形目	鹎科	白头鹎	*Pycnonotus sinensis*
雀形目	鹎科	黑喉红臀鹎	*Pycnonotus cafer*
雀形目	鹎科	黄臀鹎	*Pycnonotus xanthorrhous*
雀形目	鹎科	黑短脚鹎	*Hypsipetes leucocephalus*
雀形目	鹎科	凤头雀嘴鹎	*Spizixos canifrons*
雀形目	伯劳科	红尾伯劳	*Lanius cristatus*
雀形目	伯劳科	灰背伯劳	*Lanius tephronotus*
雀形目	伯劳科	棕背伯劳	*Lanius schach*
雀形目	椋鸟科	八哥	*Acridotheres cristatellus*
雀形目	椋鸟科	灰椋鸟	*Sturnus cineraceus*
雀形目	鹡鸰科	白鹡鸰	*Motacilla alba*
雀形目	鹡鸰科	黄鹡鸰	*Motacilla flava*
雀形目	鹡鸰科	黄头鹡鸰	*Motacilla citreola*
雀形目	鹡鸰科	灰鹡鸰	*Motacilla cinerea*

续表

目	科	种	拉丁文
雀形目	鹡鸰科	水鹨	*Anthus spinoletta*
雀形目	鹡鸰科	田鹨	*Anthus richardi*
雀形目	雀科	山麻雀	*Passer rutilans*
雀形目	雀科	树麻雀	*Passer montanus*
雀形目	梅花雀科	白腰文鸟	*Lonchura striata*
雀形目	梅花雀科	斑文鸟	*Lonchura punctulata*
雀形目	山雀科	大山雀	*Parus major*
雀形目	山雀科	黑冠山雀	*Parus rubidiventris*
雀形目	山雀科	黄腹山雀	*Parus venustulus*
雀形目	鸫科	斑鸫	*Turdus naumanni*
雀形目	鸫科	黑喉红尾鸲	*Phoenicuru shodgsoni*
雀形目	鸫科	鹊鸲	*Copsychus saularis*
雀形目	鸫科	红尾水鸲	*Rhyacornis fuliginosus*
雀形目	鸫科	白顶溪鸲	*Chaimarrornis leucocephalus*
雀形目	卷尾科	黑卷尾	*Dicrurus macrocercus*
雀形目	卷尾科	灰卷尾	*Dicrurus leucophaeus*
雀形目	鸦科	喜鹊	*Pica pica*
雀形目	燕科	家燕	*Hirundo rustica*
雀形目	雀科	黑尾蜡嘴雀	*Eophona migratoria*
雀形目	雀科	燕雀	*Fringilla montifringilla*
雀形目	雀科	普通朱雀	*Carpodacus erythrinus*
雀形目	画眉科	白领凤鹛	*Yuhina diademata*
雀形目	莺科	黄腹柳莺	*Phylloscopus affinis*
雀形目	莺科	黄眉柳莺	*Phylloscopus inornatus*
雀形目	莺科	黄腰柳莺	*Phylloscopus proregulus*
雀形目	莺科	灰柳莺	*Phylloscopus griseolus*
雀形目	莺科	巨嘴柳莺	*Phylloscopus schwarzi*
雀形目	莺科	棕腹柳莺	*Phylloscopus subaffinis*
雀形目	莺科	棕头鸦雀	*Paradoxornis webbianus*
雁形目	鸭科	斑嘴鸭	*Anas poecilorhyncha*
雁形目	鸭科	赤膀鸭	*Anas strepera*
雁形目	鸭科	赤颈鸭	*Anas penelope*
雁形目	鸭科	绿翅鸭	*Anas crecca*
雁形目	鸭科	绿头鸭	*Anas platyrhynchos*
雁形目	鸭科	罗纹鸭	*Anas falcata*
雁形目	鸭科	琵嘴鸭	*Anas clypeata*
雁形目	鸭科	针尾鸭	*Anas acuta*

目	科	种	拉丁文
雁形目	鸭科	长尾鸭	*Clangula hyemalis*
雁形目	鸭科	赤麻鸭	*Tadorna ferruginea*
雁形目	鸭科	白眼潜鸭	*Aythya nyroca*
雁形目	鸭科	斑背潜鸭	*Aythya marila*
雁形目	鸭科	凤头潜鸭	*Aythya fuligula*
雁形目	鸭科	红头潜鸭	*Aythya ferina*
雁形目	鸭科	青头潜鸭	*Aythya baeri*
雁形目	鸭科	普通秋沙鸭	*Mergus merganser*
雁形目	鸭科	中华秋沙鸭	*Mergus squamatus*
雁形目	鸭科	鹊鸭	*Bucephala clangula*
雁形目	鸭科	赤嘴潜鸭	*Rhodonessa rufina*
雁形目	鸭科	斑头雁	*Anser indicus*
雁形目	鸭科	灰雁	*Anser anser*
雁形目	鸭科	鸳鸯	*Aix galericulata*

附录 12 邛海湿地公园风景区旅游问卷调查表

亲爱的朋友:

　　您好!这是一份关于邛海湿地公园旅游的调查问卷,希望您在百忙之中能够接受我们的问卷调查,我们采取的是不记名方式,您的想法对我们很重要,所以诚挚地希望您把您的真实想法填写到问卷上,谢谢您的合作,我们不胜感激。

基本信息

1. 您的性别是( )

A、男　　　　　　　　　　　　　　B、女

2. 您的年龄是( )

A、18 岁以下　　　　　　　　　　　B、19～35 岁

C、36～50 岁　　　　　　　　　　　D、51 岁以上

3. 您的文化程度是( )

A、本科及以上　　　　　　　　　　B、大专

C、高中及中专　　　　　　　　　　D、初中及以下

4. 您的职业是( )

A、公务员　　　　　　　　　　　　B、学生

C、企事业管理人员　　　　　　　　D、景区服务销售商贸人员

E、农民　　　　　　　　　　　　　F、专业/文教技术人员

G、离退休人员

H、其他

5. 您的月收入是( )

A、1000 元以下　　　　　　　　　　B、1000～3000 元

C、3000～5000 元　　　　　　　D、5000 元以上

6. 您的居住地是( )

A、州内　　　　B、省内　　　　C、国内　　　　D、国外

7. 您有过旅游经验吗?( )

A、有　　　　　　　　　　　　　　B、没有

8. 您旅游的动机是（　　　）

A、减压　　　　　　B、新鲜、刺激　　　　　C、拓宽视野　　　　　D、陶冶情操

9. 您在来邛海湿地公园之前对它的了解如何？（　　　）

A、不是很了解　　　　B、一般　　　　　C、十分了解

10. 您是第几次来邛海泸山风景区？（　　　）

A、第一次　　　　　B、第二次　　　　　C、第三次　　　　　D、三次以上

11. 您此次来邛海湿地公园旅游的主要目的是（　　　）（多选）

A、休闲度假　　　　B、探亲访友　　　　C、宗教朝拜　　　　D、健康医疗

E、商务、专业访问　　F、民族风情　　　　G、其他

基础设施建设状况

1. 您决定到邛海旅游时主要考虑的因素有哪些？（　　　）（多选）

A、安全　　　　　　B、景区特色　　　　　C、服务

D、便利　　　　　　E、其他

2. 您觉得邛海湿地公园景区建设怎么样？（　　　）

A、有特色　　　　　B、一般　　　　　C、特色不强

3. 您认为邛海湿地公园的工作人员工作状况如何？（　　　）

A、非常好　　　　　B、一般　　　　　C、不太好　　　　　D、很不满意

4. 如果您认为工作人员工作不佳，主要表现在（　　　）（多选）

A、履行岗位职责不到位　　　　　　　　B、服务态度冷淡

C、服务质量低　　　　　　　　　　　　D、素质低

5. 您认为邛海湿地公园景区内的各种标识如何？（　　　）

A、很好，标识很清楚，找景点很容易

B、还行，标识清楚，基本能找到景点，但一些景点容易错过

C、不太好，标识不清楚，很多景点容易错过

D、很不方便，标识复杂，很不清楚

6. 您认为邛海湿地公园需改进的环节有哪些？（　　　）（多选）

A、旅游交通　　　　　　B、景区设施

C、接待服务质量　　　　D、从业人员素质　　　　　E、其他

7. 您认为邛海湿地公园景区目前面临的主要问题是（　　　）（多选）

A、开发不够　　B、基础设施落后　　C、监管力度差　　D、服务态度差

E、旅游从业人员素质低下　　　　　　F、恶性竞争，相互削价

8. 您在邛海湿地公园游玩时是否需要讲解人员？（　　　）

A、是　　　　　　　　　　　B、否

9. 您来景区经常会选择的活动是什么？（　　　）（多选）

A、登山　　　　　　　B、骑行或步行环海　　　　　C、坐船

D、拍照与学习　　　　E、科研活动　　　　　　　　F、会议活动

10. 你认为景区未来的发展着重点是什么？（　　　）（多选）

A、旅游特色产品　　　　B、民族文化风情

C、特色旅游活动　　　　D、服务设施改进

景区环境问题

1. 您认为各旅游景区危害较大的是哪些问题？（　　　）（可多选）

A.垃圾污染　　　　B.水污染　　　　C.空气污染　　　　D.噪音污染　　　　E.光污染

F.超规模接待旅客　G.其他

2. 您在景区内会乱扔垃圾吗？（　　　）

A.经常　　　　　　B.偶尔　　　　C.没有

3. 您认为应该制定法律法规对破坏景区环境卫生的行为进行约束和惩罚吗？（　　　）

A.应该　　　　　　B.不应该　　　　C.无所谓

4. 您认为景区的环保工作目前应该改善哪些方面？（　　　）（多选）

A.垃圾处理　　　　B. 水道清洁　　　　C.改善空气质量

D.对旅客的环保意识的教育　　　　　　E.其他(请注明)

5. 您认为景区当地政府是否意识到环境问题的严重性和环保工作的迫切性？（　　　）

A.是，感觉极强烈　　　B.感觉一般　　　　C.没有什么感觉

6. 您认为有必要在旅游区开展环保宣传吗？（　　　）

A.有必要　　　　　　B.没必要　　　　　C.无所谓

景区观赏满意度

1. 您对景区人文景观满意吗？(选择其一在"□"中打"√")

满意□　　　　较满意□　　　　一般□　　　　不满意□　　　　很差□

2. 您认为景区自然风光观赏价值

很高□　　　较高□　　　高□　　　一般□　　　较低□　　　很低□

3. 您认为景区美学观赏价值

很高□　　　较高□　　　高□　　　一般□　　　较低□　　　很低□

4. 您认为景区康娱价值

很高□　　　较高□　　　高□　　　一般□　　　较低□　　　很低□

5. 您认为景区气候舒适度

满意□　　　较满意□　　　　一般□　　　不满意□　　　很差□

6. 您认为景区科考价值

很高□　　　较高□　　　高□　　　一般□　　　较低□　　　很低□

7. 您认为景区投资条件

满意□　　　较满意□　　　　一般□　　　不满意□　　　很差□

8. 您对邛海湿地公园景观保护及开发利用的意见：

附录 13 邛海部分浮游植物图谱

双隐孔金粒藻

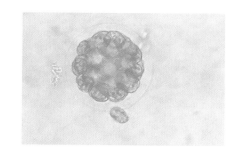

密实盘藻

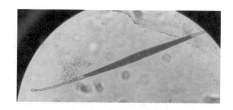

库氏新月鼓藻

厚变角星鼓藻

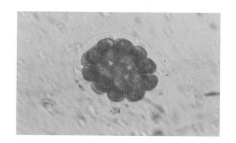

华丽实球藻

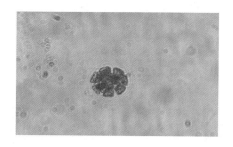

桑椹实球藻

美丽双菱藻

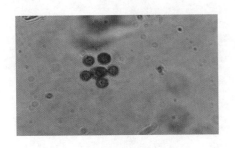

浮球藻

飞燕角甲藻

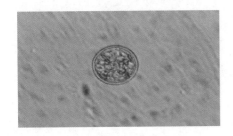

池沼星球藻

卵形隐藻

尖刺角星鼓藻

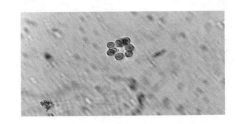

球状空星藻

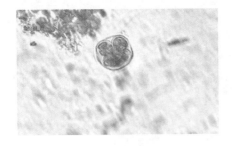

包氏卵囊藻

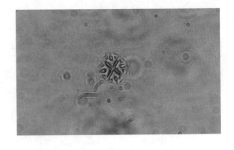

四角盘星藻四齿变种

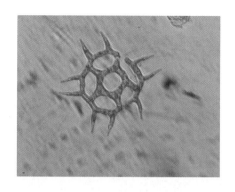

单角盘星藻

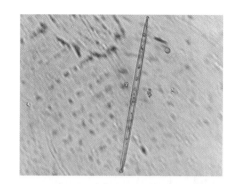

针杆藻

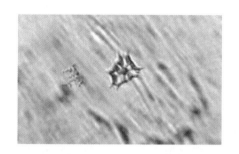

长角岐射盘星藻

肾形藻

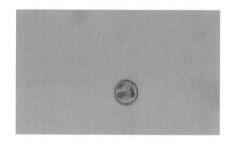

小球藻

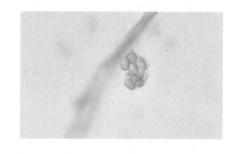

小型卵囊藻

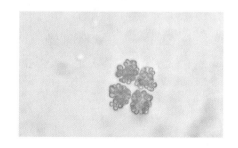

密胞欧氏藻

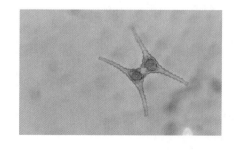

具齿角星鼓藻

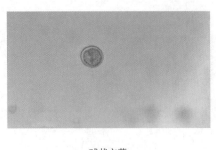

球状衣藻

柯氏并联藻

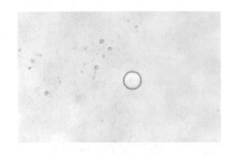

小环藻

桑椹实球藻

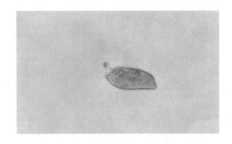

卵形隐藻

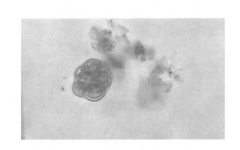

网状空星藻

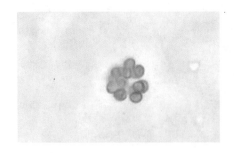

芒球藻

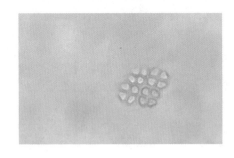

四足十字藻

膨胀胶球藻

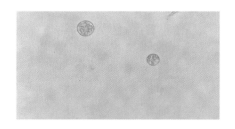

小球藻

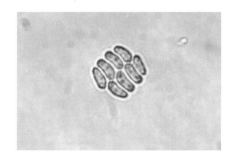

弯曲栅藻

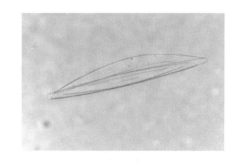

肿胀桥穹藻

针形裸藻

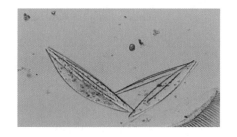

肿胀桥穹藻

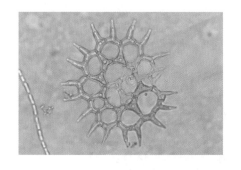

二角盘星藻纤细变种

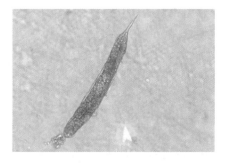

尖尾裸藻

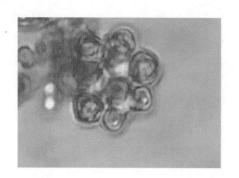

球状空星藻

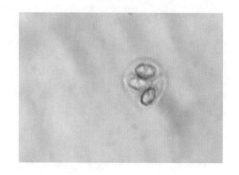

小型卵囊藻

格孔单突盘星藻

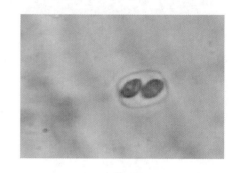

粗肾形藻

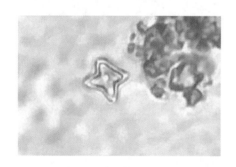

膨胀四角藻

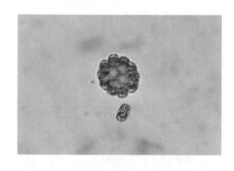

金团藻

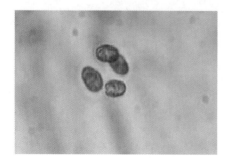

椭圆卵形藻

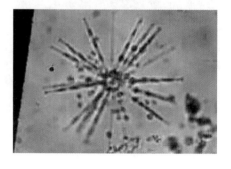

美丽星杆藻

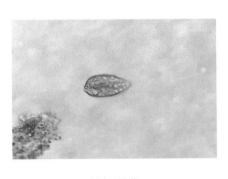

倒卵形隐藻

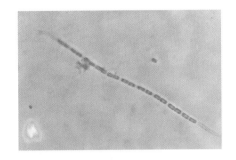

细胶鞘藻

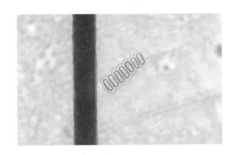

双对栅藻

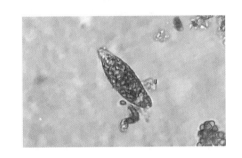

变形裸藻

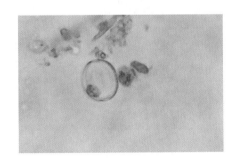

圆环卵形藻

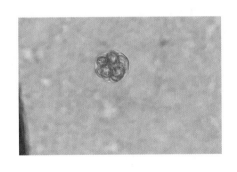

鼻突空星藻

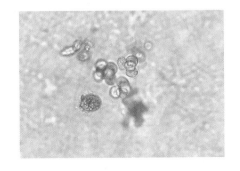

芒球藻

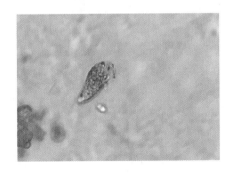

马氏隐藻

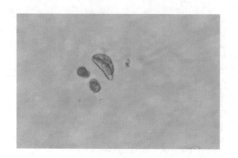

拟新月藻

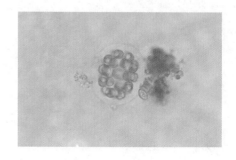

华丽空球藻

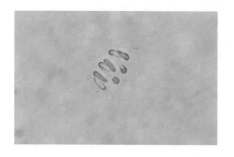

新月肾形藻

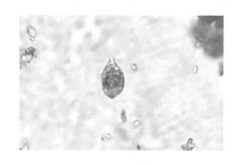

具尾裸藻

王氏裸藻

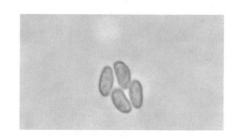

直角十字藻

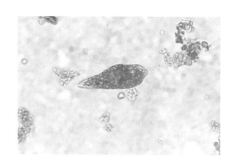

具尾裸藻

变形裸藻

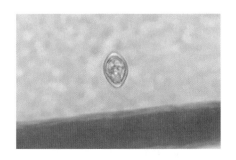

长刺柯氏藻

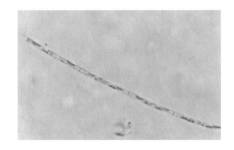

直链藻

螺旋镰形纤维藻

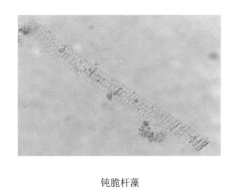

钝脆杆藻

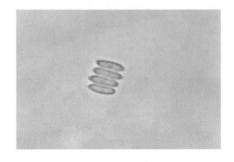

柱状栅列藻

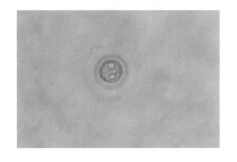

粘四集藻

集星藻

腰带多甲藻

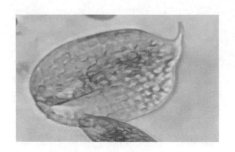

侧游扁裸藻

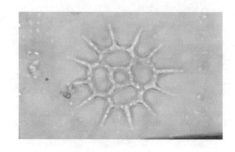

十二单突盘星藻

华美双菱藻

四尾栅藻

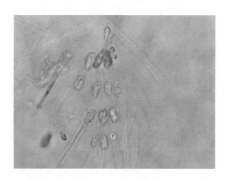

锥囊藻

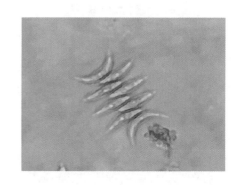

二形栅藻

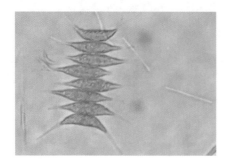

尖细栅藻

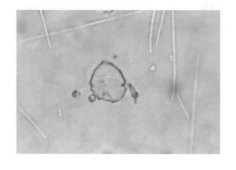

极小多甲藻

腰带光甲藻

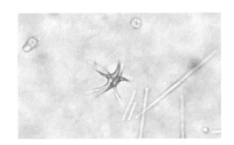

月牙藻

附录 14　邛海部分浮游动物图谱

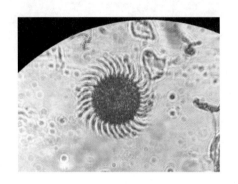

侠盗虫

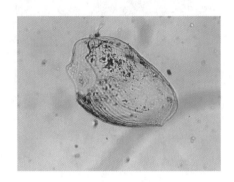

钟形突口虫

针棘匣壳虫

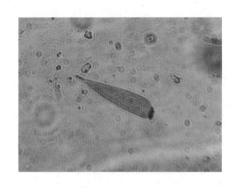

多态喇叭虫

矩形龟甲轮虫

桡足幼体

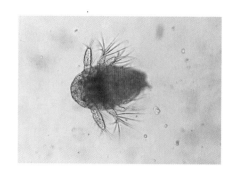

无节幼体

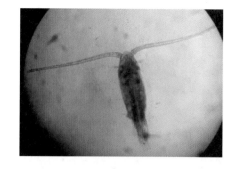

鸟喙明镖水蚤

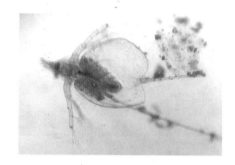

小栉溞

小栉溞

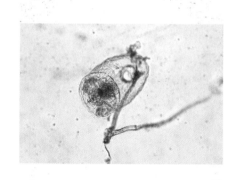

晶囊轮虫

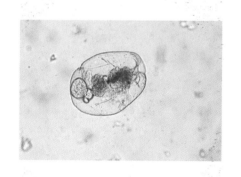

前节晶囊轮虫

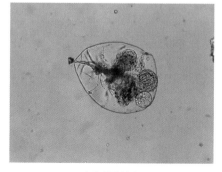

多突囊足轮虫

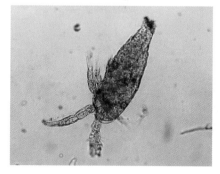

桡足幼体

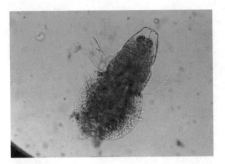

无节幼体

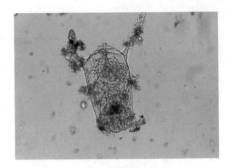

萼花臂尾轮虫

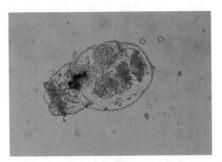

盖氏晶囊轮虫

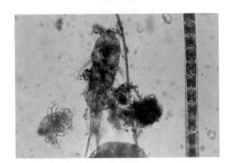

单节水生猛水蚤

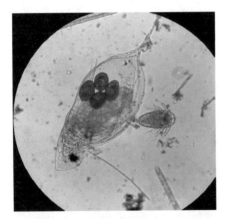

僧帽溞+无节幼体

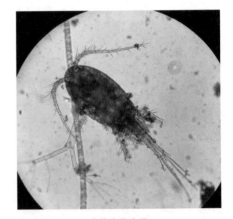

中华窄腹水蚤

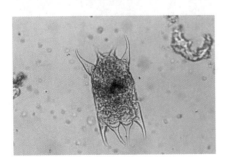

萼花臂尾轮虫

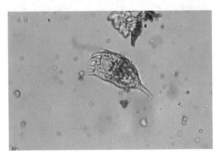

螺形龟甲轮虫

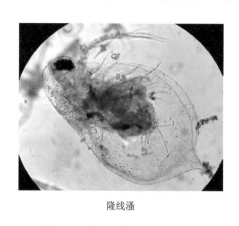

隆线溞

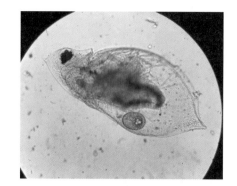

僧帽溞

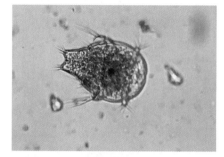

无节幼体

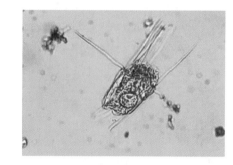

针簇多肢轮虫

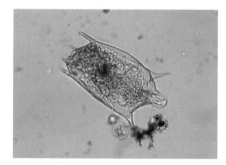

矩形臂尾轮虫

垂饰异足水蚤

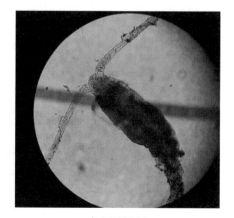

鸟喙明镖水蚤

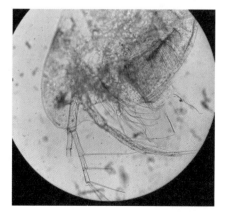

长刺溞

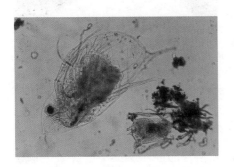

僧帽溞

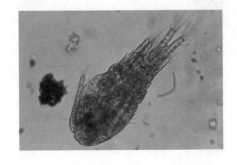

闻名大剑水蚤

等刺温剑水蚤

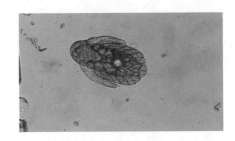

枝角类幼体

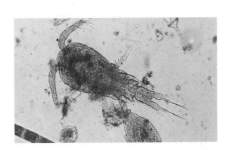

模式有爪猛水蚤

广布中剑水蚤

附录 15　近水岸 200 米内植物调查图片

二水厂优势种：藿香蓟、破坏草　　　　邛海湾优势种：风车草、芦苇

缸窑优势种：芦苇、狗牙根

观海湾优势种：梭鱼草、水花生

海南乡优势种：芦苇   青龙寺优势种：藿香蓟、破坏草

杨家院优势种：荷、芦苇、藿香蓟

杨家院优势种：破坏草

附录 16 邛海水生维管束植物图片

附图 16-1 邛海湖湾浅水区莲群落

附图 16-2 邛海东岸小渔村附近地区芦苇群落

附图 16-3 邛海浅水湖岸茭白群落

附图 16-4 邛海浅水湖湾野菱群落

附图 16-5 岗窑大沟附近荇菜群落

附图 16-6 邛海人工引种的二角菱群落

附图 16-7　邛海部分湖湾内侧凤眼莲群落

附图 16-8　邛海湖滨浅水带狐尾藻群落

附图 16-9　邛海水深 1～2m 左右湖滨浅水带的金鱼藻群落

附图 16-10　分布于邛海水深 1～2m
清澈浅水带的马来眼子菜群落

附图 16-11　分布于邛海湖滨小洼地水域的浮萍群落

附图 16-12　分布于邛海浅水潮湿地带的空心莲子草群落

附图 16-13　分布于观鸟岛湿地公园的睡莲群落

附图 16-14　分布于海河口的水蓼群落

附图 16-15　分布在邛海部分湖湾内侧的大薸群落　　　　附图 16-16　分布在邛海杨家院的黄花水龙群落

附录 17　邛海部分底栖动物图谱

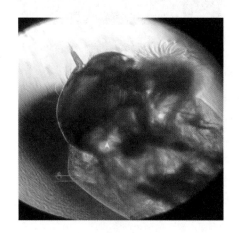

摇蚊属 *Tendipus*

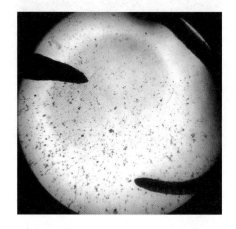

水丝蚓属 *Limnodrilus*

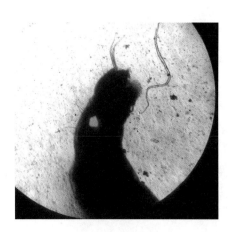

小突摇蚊属 *Micropsectra*

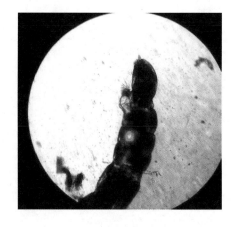

前突摇蚊属 *Procladius*

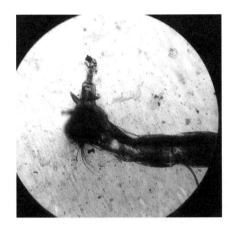

隐摇蚊属 *Cryptochironomus*

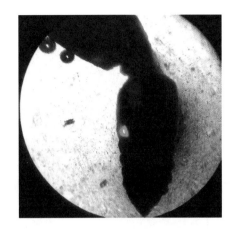

尾盘虫属 *Dero*

颚体虫属 *Aeolosoma*

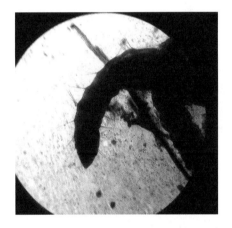

仙女虫属 *Nais*

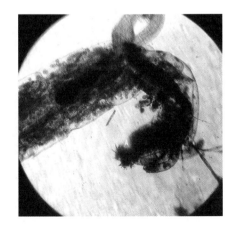

内摇蚊属 *Endochironomus*

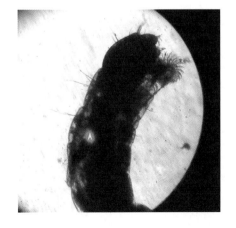

环足摇蚊属 *Cricotopus*

梨形环棱螺 *Bellamya purificata*

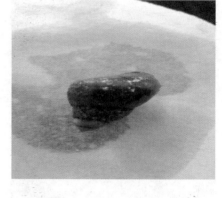

中华圆田螺 *Cipangopaludina cahayensis*

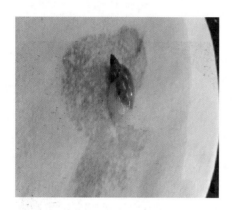

耳萝卜螺 *Radix swinhoei*

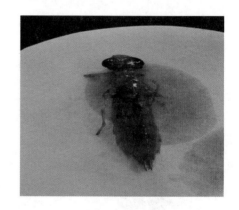

马大头 *Anax parthenope julius* Brauer

附录 18　邛海湿地部分彩页插图

附图 18-1　邛海中游憩的珍稀物种国家一级保护鸟类——中华秋沙鸭

附图 18-2　2300 年树龄的泸山光福寺古汉柏

参考文献

陈开伟. 2012. 四川西昌市邛海湿地生态系统建设与保护对策[J]. 安徽农业科学, 40(28): 13969-13970, 14030.

程志, 郭亮华, 王东清, 等. 2010. 我国湿地植物多样性研究进展[J]. 湿地科学与管理, 6(2): 53-56.

褚新洛. 1999. 中国动物志 硬骨鱼纲 鲇形目[M]. 北京: 科学出版社.

崔学振, 杨拉珠, 陈安康, 等. 1992. 泸沽湖、邛海越冬湿地鸟类调查[J]. 四川动物, 11(4): 27-28.

邓东周, 周廷铃, 罗天发, 等. 2012. 邛海湿地恢复工程建设项目可行性分析[J]. 四川林业科技, 8(4): 25-31.

邓其祥, 李海涛. 1993. 邛海秋冬季鸟类组成[J]. 四川师范学院学报(自然科学版), (3): 55-75.

丁瑞华. 1990. 邛海鱼类及其资源的研究: Ⅰ.鱼类区系及其演替[J]. 四川动物, 9(4): 9-11.

丁瑞华. 1994. 四川鱼类志[M]. 成都: 四川科学技术出版社.

高吉喜, 叶春, 杜娟, 等. 1997. 水生植物对面源污水净化效率研究[J]. 中国环境科学, (3): 247-251.

韩茂森. 1980. 淡水浮游生物图谱[M]. 北京: 农业出版社.

胡鸿钧, 魏印心. 2006. 中国淡水藻类系统、分类及生态[M]. 北京: 科学出版社.

胡涛, 张帆. 2015. 四川泸沽湖湿地自然保护区现状与对策探讨[J]. 资源节约与环保, (7): 175.

姜志强. 1994. 碧流河水库鲢、鳙的年龄、生长和资源量的研究[J]. 大连水产学院学报, 3(9): 8-14.

蒋燮治, 堵南山. 1979. 中国动物志: 节肢动物门-甲壳纲-淡水枝角类[M]. 北京: 科学出版社.

鞠美庭, 王艳霞, 孟伟庆, 等. 2009. 湿地生态系统的保护与评估[M]. 北京: 化学工业出版社.

乐佩琦. 2000. 中国动物志 硬骨鱼纲 鲤形目(下卷)[M]. 北京: 科学出版社.

李桂垣, 张瑞云, 张清茂, 等. 1984. 四川凉山彝族自治州的鸟类区系[J]. 四川农学院学报, (1): 40.

李海涛, 邓其祥. 2000. 邛海冬候鸟的监测及保护[J]. 四川师范学院学报(自然科学版), 21(2): 182-186.

李海涛, 黄渝. 2007. 浅析生物多样性的理论与实践[J]. 安徽农业科学, 35(32): 10488-10489, 10491.

李海涛, 黄渝. 2009. 四川邛海湖湿地鸟类种群多样性及邛海湖生态评价[J]. 基因组学与应用生物学, (4): 720-724.

李喆, 姜作发, 霍堂斌, 等. 2012. 黑龙江中游浮游植物多样性动态变化及水质评价[J]. 中国水产科学, 19(4): 671-678.

林曙. 2006. 洞庭湖青鲫和白鲫生长特征研究[D]. 长沙: 湖南大学.

刘成汉, 肖得仁, 刁晓明. 1989. 川滇高原湖泊鱼类分布聚类分析[J]. 西南大学学报, (5): 495-501.

刘成汉. 1964. 四川鱼类区系的研究[J]. 四川大学学报, (2): 95-138.

刘成汉. 1988. 邛海鱼类区系的形成及其演变[J]. 华南师范大学学报(自然科学版), (1): 46-52.

马克平, 钱迎倩. 1998. 生物多样性保护及其研究进展[综述][J]. 应用与环境生物学报, 4(1): 95-99.

彭徐, 何平. 1995. 四川邛海藻类植物调查初报[J]. 西南师范大学学报(自然科学版), 20(2): 187-194.

彭徐. 2006. 四川邛海国家级风景名胜区生物多样性概况及特点[J]. 四川动物, 25(4): 778-781.

彭徐. 2007. 四川邛海鱼类多样性危机及对策[J]. 西南师范大学学报(自然科学版), 32(1): 47-51.

沈韫芬, 章宗涉, 顾曼如, 等. 1990. 微型生物监测新技术[M]. 北京: 中国建筑工业出版社.

沈韫芬. 1999. 原生动物学[M]. 北京: 科学出版社.

四川资源动物志编委会. 1980. 四川资源动物志[M]. 成都: 四川人民出版社.

田勇，贺丹晨，陈丽娟. 2012. 湿地鸟类栖息地环境营造的研究——以西昌邛海湿地为例[J]. 中南林业科技大学学报，(8)：71-74，102.

王戈戎，杜凤国. 2006. 松花江三湖湿地生物多样性评价[J]. 北华大学学报(自然科学版)，7(3)：278-280.

王家楫. 1990. 中国淡水轮虫志[M]. 北京：科学出版社.

王雪湘，陈秀梅. 2010. 唐山市采煤塌陷区湿地生物多样性调查及评价研究[J]. 园林科技，(2)：41-43.

吴金亮. 1985. 滇西高原湖泊越冬水禽调查[J]. 云南环保，(3)：15-20.

杨红，郑璐，马金华. 2009. 四川邛海湖湿地水生维管束植物的现状调查[J]. 基因组学与应用生物学，28(5)：946-950.

杨景峰，申玉春，祁宝霞，等. 2002. 孟家段水库鲢鳙鱼生长规律的研究[J]. 内蒙古民族大学学报(自然科学版)，17(3)：277-280.

杨岚，韩联宪，王淑珍，等. 1988. 云南水禽资源的调查研究[J]. 动物学研究(增刊)，(51)：23-31.

姚维志，冯锦光. 1996a. 邛海浮游生物初步研究[J]. 水产学报，20(2)：183-187.

姚维志，冯锦光. 1996b. 邛海浮游植物与水质污染及富营养化研究[J]. 西南大学学报(自然科学版)，18(2)：170-173.

张宇，杨红. 2009. 邛海水生维管束植物调查初报[J]. 西昌学院学报(自然科学版)，12(4)：19-21.

张宇，杨红. 2010. 邛海湖盆区湿地现状及生态系统评价[J]. 西昌学院学报(自然科学版)，24(4)：42-48.

张峥，刘爽，朱琳，等. 2002. 湿地生物多样性评价研究——以天津古海岸与湿地自然保护区为例[J]. 中国生态农业学报，10(1)：76-78.

章宗涉，黄祥飞. 1991. 淡水浮游生物研究方法[M]. 北京：科学出版社：333-344.

郑璐，亓东明，阳伟，等. 2012. 邛海湖土著鱼类的变迁及保护对策[J]. 绵阳师范学院学报，(8)：63-67.

郑作新. 1963. 四川西南与云南西北地区鸟类的分布研究Ⅱ，雀形目鹟科[J]. 动物学报，15(1)：109-124.

W. D. 里克. 1984. 鱼类种群生物统计量的计算和解析[M]. 北京：科学出版社.